黄河三角洲
滨海滩涂湿地污染特征与生态风险防控

齐 月 李俊生 等/著

中国环境出版集团·北京

图书在版编目（CIP）数据

黄河三角洲滨海滩涂湿地污染特征与生态风险防控 /
齐月等著 . —北京：中国环境出版集团，2023.12
ISBN 978-7-5111-5517-7

Ⅰ.①黄… Ⅱ.①齐… Ⅲ.①黄河—三角洲—海涂—
沼泽化地—环境污染—污染防治 Ⅳ.① P942.520.78

中国国家版本馆 CIP 数据核字（2023）第 089268 号

出 版 人　武德凯
策划编辑　王素娟
责任编辑　范云平　高　峰
封面设计　宋　瑞

出版发行　中国环境出版集团
　　　　　（100062　北京市东城区广渠门内大街 16 号）
　　　　　网　　　址：http://www.cesp.com.cn
　　　　　电子邮箱：bjgl@cesp.com.cn
　　　　　联系电话：010-67112765（编辑管理部）
　　　　　　　　　　010-67162011（第二分社）
　　　　　发行热线：010-67125803，010-67113405（传真）
印　　刷　北京鑫益晖印刷有限公司
经　　销　各地新华书店
版　　次　2023 年 12 月第 1 版
印　　次　2023 年 12 月第 1 次印刷
开　　本　787×1092　1/16
印　　张　9.25
字　　数　250 千字
定　　价　68.00 元

中国环境出版集团郑重承诺：
中国环境出版集团合作的印刷单位、材料单位均具有中国环境标志产品认证。

黄河三角洲滨海滩涂湿地是渤海滨海湿地的重要组成部分，为东北亚内陆和环西太平洋鸟类迁徙提供了重要的中转站和越冬栖息地，对于全球生物多样性保护具有重要意义。随着黄河三角洲地区石油开发、城市和港口的发展，工农业建设等人类活动不断威胁着黄河三角洲滨海滩涂湿地的环境质量。黄河三角洲滨海滩涂湿地生态环境脆弱，抗干扰能力与自我恢复能力较弱，受到污染后自我恢复难度大。因此，全面了解黄河三角洲滨海滩涂湿地环境质量，对维持黄河三角洲区域生态安全具有重要意义。

本书著者以黄河三角洲滨海滩涂湿地污染调查为基础，选择多环芳烃、重（类）金属和营养盐为重点研究对象，分析黄河三角洲滨海滩涂湿地沉积物及潮沟水污染特征，揭示滨海滩涂湿地油井周边多环芳烃污染时空特征，探究石油污染对滨海滩涂主要土著植物的影响，评估主要污染物的生态风险，并提出黄河三角洲滨海滩涂湿地污染及生态风险防控管理对策。全书共分为11章，第1章、第2章、第4章和第5章由齐月、李俊生撰写，第3章由齐月、付刚和李俊生撰写，第6章由齐月、赵一蕾、付刚和李俊生撰写，第7章由赵一蕾、齐月和李俊生撰写，第8章由赵一蕾、马艺文、李俊生和齐月撰写，第9章由马艺文和李俊生撰写，第10章由齐月、赵一蕾和李俊生撰写，第11章由齐月和李俊生撰写。全书由齐月统稿，李俊生定稿。

本书以中央财政科技计划结余经费项目"石油污染对黄河口陆生植物多样性影响及其响应机制研究"（2021—JY—05）和国家重点研发计划项目"滨海

滩涂湿地生态修复与功能提升技术"（2017YFC0506200）为依托，出版得到了中央财政科技计划结余经费项目"石油污染对黄河口陆生植物多样性影响及其响应机制研究"（2021—JY—05）的经费支持，以及中国环境出版集团的大力支持，特此感谢。

希望本书的出版，有助于黄河三角洲滨海滩涂湿地保护与修复工作，对于我国滨海滩涂湿地保护与修复工作起到积极的作用，可为生态环境管理部门、自然保护地等决策者提供参考。

由于著者水平有限，书中难免存在不足之处，敬请读者批评指正。

著者

2022.10

目 录
CONTENTS

第1章 绪 论 ·· 1

   1.1 滨海滩涂湿地界定 ·· 1

   1.2 滨海滩涂湿地分类 ·· 1

   1.3 滨海滩涂湿地特征 ·· 2

   1.4 滨海滩涂湿地生态系统功能与服务 ·· 2

   1.5 环境污染对滨海滩涂湿地的威胁 ·· 4

第2章 研究区概况 ·· 8

   2.1 黄河三角洲区域概况 ··· 8

   2.2 黄河三角洲滨海滩涂湿地演化 ·· 12

   2.3 黄河三角洲滨海滩涂湿地主要生物 ··· 12

   2.4 黄河三角洲滨海滩涂湿地生态环境 ··· 15

第3章 黄河三角洲滨海滩涂沉积物氮、磷含量及空间分布 ············· 20

   3.1 研究方法 ·· 20

   3.2 沉积物理化特征及植物分布特征 ·· 22

   3.3 不同地点沉积物氮、磷含量及组分变化 ·· 25

   3.4 与低潮潮位线不同距离沉积物中氮、磷分布 ······································ 28

   3.5 氮、磷空间分布的影响因素分析 ·· 30

   3.6 结 论 ·· 32

第 4 章 黄河三角洲滨海滩涂沉积物重（类）金属空间分布及
污染状况·· 33

4.1 研究方法 ··· 33

4.2 沉积物中重金属含量 ······································· 33

4.3 沉积物中重金属空间分布特征 ······························· 35

4.4 沉积物中重金属含量与环境因子的关系 ······················· 36

4.5 沉积物中重金属污染水平 ··································· 37

4.6 结 论 ··· 38

第 5 章 黄河三角洲滨海滩涂沉积物多环芳烃空间分布及污染状况······ 40

5.1 沉积物中 PAHs 含量与空间分布 ···························· 40

5.2 沉积物中 PAHs 组成分析 ································· 44

5.3 沉积物中 PAHs 来源解析 ································· 46

5.4 结 论 ··· 48

第 6 章 黄河三角洲滨海滩涂潮沟水中氮、磷和重（类）金属空间
分布及污染状况·· 49

6.1 研究方法 ··· 49

6.2 潮沟水中氮、磷不同组分含量及空间分布 ····················· 50

6.3 潮沟水中 TN/TP 质量比 ································· 52

6.4 潮沟水中重金属含量及空间分布 ····························· 54

6.5 环境因子对潮沟水中氮、磷和重金属含量的影响 ················ 56

6.6 潮沟水质分析 ··· 57

6.7 结 论 ··· 59

第 7 章 黄河三角洲滨海滩涂潮沟水中多环芳烃空间分布及污染状况··· 60

7.1 潮沟水中 PAHs 含量与空间分布 ···························· 61

7.2 潮沟水中 PAHs 组成分析 ································· 62

7.3 潮沟水中 PAHs 来源解析 ································· 64

7.4 结 论 ··· 65

第8章　黄河三角洲滨海滩涂分布油井的多环芳烃污染特征············· 67

8.1　运行油井周边沉积物中 PAHs 污染特征 ················· 67

8.2　封闭油井周边沉积物中 PAHs 污染特征 ················· 74

8.3　运行油井周边沉积物中 PAHs 污染时间特征 ············· 76

8.4　结　论 ··· 78

第9章　石油污染对黄河三角洲滨海滩涂主要植物生长的影响··········· 80

9.1　石油污染对碱蓬和翅碱蓬萌发的影响 ················· 81

9.2　石油污染对碱蓬和翅碱蓬生长的影响 ················· 85

9.3　石油污染对碱蓬和翅碱蓬叶绿素荧光参数的影响 ········· 91

9.4　结　论 ··· 93

第10章　黄河三角洲滨海滩涂湿地污染生态风险分析··············· 95

10.1　PAHs 生态风险分析 ································· 95

10.2　重金属生态风险分析 ································ 104

10.3　结　论 ·· 111

第11章　黄河三角洲滨海滩涂湿地污染生态风险防控管理············· 114

11.1　保护修复管理现状 ·································· 115

11.2　管理存在的问题分析 ································ 118

11.3　生态风险防控及保护修复管理建议 ···················· 119

参考文献··· 122

第 1 章 绪 论

1.1 滨海滩涂湿地界定

滨海滩涂湿地是陆海生态过渡带，是滨海湿地生态系统的重要组成部分。目前，国际上对滨海滩涂没有明确的定义。一般认为，滨海滩涂有狭义和广义之分。狭义上，一般被称为潮间带，即大潮平均高潮线与低潮线之间，包括潮间带泥滩、沙滩和海岸其他咸水沼泽，一般植被盖度<30%（李晶等，2018；吴彬等，2017）。广义上，有学者称其为海涂、潮滩或者海滩，指最低潮时水深不超过 6 m 的浅海水域至特大潮或风暴潮时海水所能淹没的区域（王刚，2013）。本研究将从狭义角度对滨海滩涂进行论述。

狭义的滨海滩涂包括：低潮区，上界为小潮低潮线，下界为大潮低潮线，大部分时间浸在水里，只有在大潮落潮时短时间内露出水面；中潮区，是典型的潮间带区域，上界为小潮高潮线，下界为小潮低潮线，占潮间带的大部分；高潮区，位于潮间带的最上部，上界为大潮高潮线，下界为小潮高潮线，该区域被海水淹没的时间相对较短，只有在大潮时才被海水淹没（董鸣等，2021）。

1.2 滨海滩涂湿地分类

滨海滩涂湿地根据不同分类标准具有不同的类型。根据景观动态变化特征，可分为基本稳定型、侵蚀型和淤长型三类。根据滩涂基质的物质组成与物种分布特征，可分为泥滩、沙滩、岩滩和生物滩，其中生物滩包括红树林、盐沼等，在地理分布上红树林生长在热带和亚热带地区，而盐沼分布在温带和极地地区。根据渤海、黄海、东海、南海海岸结构特点，我国滨海滩涂湿地可分为平原岸段型、基岩岸段型和生物岸段型（何书金等，2017）。

有研究根据滩涂的成因、潮汐影响程度、地貌、优势生物类群、用途等特征，采用层次分类法构建由"湿地系—湿地类—湿地型"三级层次水平组成的滩涂湿地分类系统：湿地系根据滩涂湿地成因的自然属性进行分类，包括自然滩涂湿地和人工滩涂湿地；湿地类根据位置和潮汐影响程度对自然滩涂湿地进行分类，包括潮上带、潮间带和潮下带，而根据功能、用途对人工滩涂湿地进行分类，分为生产型湿地和防护型湿地；湿地型根据地貌、机制条件、优势生物类群等对自然滩涂湿地进行分类，分为岩石海滩湿地、沙石海滩湿地、淤泥质海滩湿地等，而根据具体功能和用途将人工滩涂湿地分为盐田滩涂湿地和养殖滩涂湿地等（董鸣等，2021）。

1.3　滨海滩涂湿地特征

滨海滩涂湿地是动态、复杂且脆弱的生态系统，除了具有一般湿地的基本环境特征外，还具有其独特特征。第一，受到潮汐影响具有独特的水文特征。潮汐是海水在日、月引潮力作用下引起海面周期性的升降、涨落与进退而形成，因此受潮汐影响，滨海滩涂湿地存在间歇性积水。潮汐与海岸带浅层地下水、降水和蒸发共同作用时会导致滨海滩涂湿地的水盐梯度动态变化（董鸣等，2021）。第二，具有较高的物能交换特征。滨海滩涂湿地具有潮汐波动，是海—陆—气系统物能交换最频繁、最集中的区域，且滩涂与海洋的物能交换明显强于与陆地的物能交换。第三，具有空间动态迁移特征。由于滨海滩涂湿地发育受泥沙供应量、海岸地貌与植被等原生生态环境和海水动力作用等因素影响，大部分滩涂都在淤长，但是当泥沙供应量减弱或消失，在波浪与潮流的侵蚀作用下，将使滩涂湿地因受冲刷而缩小。第四，具有明显的边缘效应。由于滨海滩涂湿地位于海、陆两大景观边缘，既有潮上带的近陆生境，也有潮下带的近海生境，还有介于海、陆二相之间的潮间带生境，因此具有明显的边缘效应。其边缘效应主要表现在生态环境复杂多变、生物多样性丰富且生产力较高。此外，滨海滩涂湿地还具有显著的空间异质性，除了距海远近造成的生物量、生物群落与生境等方面的空间异质性外，海岸带地域间差异会形成不同的滨海滩涂湿地，如我国海岸带空间分属温带、亚热带和热带，由于纬度与气候带的差异，造成了我国滨海滩涂湿地呈现出南北分异特征（何书金等，2017）。

1.4　滨海滩涂湿地生态系统功能与服务

滨海滩涂湿地在自然状态或较少人为干扰情况下，具有较为完整的生态结构，通过完善的生态过程和生态功能，为人类提供生态服务和福祉，并满足人类社会合理消费需求，其生态系统服务的持续有效供给是区域可持续发展的前提。生态系统功能强调生态系统本身自然属性特征，即生态系统功能不依赖于人类需求而自然存在，而生态系统服务受生态系统结构和功能的影响，强调生态系统的社会经济属性，依赖于人类的需求、利用和偏好（谢高地等，2006）。根据联合国千年生态系统评估（The Millennium Ecosystem Assessment，MA），将生态系统服务分为供给服务、调节服务、文化服务和支持服务四大类。有研究表明，2000—2015 年，中国海岸带生态系统服务多样性高值区集中于植被覆盖度较高的山地区域、滨海滩涂和河口三角洲湿地（刘玉斌，2021）。滨海滩涂是一个"边缘地区"，具有多种生态系统功能，如生物多样性维持、海岸侵蚀控制、污染物降解等。

供给服务：滨海滩涂为人类生产、生活提供大量的原材料和农产品。例如，滨海滩涂为渔业发展提供了场所、环境和资源，是开发海洋资源的重要区域；滨海滩涂还支撑盐业发展，为生产、生活提供原材料。

调节服务：滨海滩涂湿地具有减少海岸侵蚀、水质净化、固碳等功能。由于滨海滩涂相对平坦且生长着植物群落，被称为"水平堤坝"或"生物盾牌"，能降低波速、削减海流，减弱海流对海岸的侵蚀，防止海水入侵，减轻海水倒灌导致的土壤盐渍化，是抵御风暴潮等自然灾害的天然屏障（Gedan et al.，2011；Xin et al.，2019）。同时，滨海滩涂湿地对水体中各种污染物具有消除分解保持水质清洁的功能。如河流等带来的氮、磷等营养物质，在滨海滩涂潮沟、洼地等停滞期间，会发生转化和去除，从而弱化近岸海域的富营养化风险，改善水质（Ouyang et al.，2016）。滨海滩涂湿地的碳汇功能强大，由于其具有丰富的生物资源，特别是浮游藻类、微生物、底栖微（小）型藻类、大型藻类、贝类及维管植物等均能固定碳，降低大气二氧化碳浓度、减缓全球气候变化。滨海滩涂湿地作为一类重要的海岸带蓝碳生态系统，具有巨大的碳吸收能力，属于"基于自然的解决方案"的实践范畴，是重要的基于海洋的气候变化治理手段之一；在减缓温室气体排放的同时，滨海滩涂湿地可以为沿海国家乃至全球带来碳汇交易的经济效益和社会效益（王法明等，2021）。

支持服务：滨海滩涂可支持生物多样性维持。滨海滩涂具有丰富的生物资源，也是各种鱼类产卵、迁徙鸟类栖息觅食、珍稀动植物生长的关键栖息地，许多珍稀、濒危物种都是以滨海滩涂湿地作为庇护、生存和繁衍的屏障，如渤海滨海滩涂分布着丰富的底栖生物，以及我国东南沿海红树林等能够为鸟类提供丰富的食物来源，是东亚—澳大利西亚候鸟迁徙中转站、越冬地和繁殖地，这对全球鸟类多样性保护具有重要意义。

文化服务：滨海滩涂除了具有科学研究价值外，还具有观光、休闲、娱乐等功能，支撑旅游发展，甚至成为许多沿海地区的经济发展支柱。例如我国渤海滨海滩涂上生长的碱蓬植物形成的红海滩景观，以及在热带、亚热带滨海滩涂上生长的特有的常绿灌木和乔木的植物群落形成的红树林景观，均是天然的旅游资源。

1.5　环境污染对滨海滩涂湿地的威胁

滨海滩涂湿地具有丰富的自然资源及多种生态系统服务，特殊的区位与资源优势使滨海滩涂湿地成为人类活动与生态保护矛盾十分突出的区域。我国大陆及海岛海岸线总长度约 32 000 km，其中大陆海岸线约 18 000 km，岛屿海岸线约 14 000 km，大陆海岸线分布着 11 个沿海省（自治区、直辖市），全国有 50% 以上的大城市、约 60%的国内生产总值（GDP）分布在沿海地区（刘玉斌，2021；董鸣等，2021）。随着经济发展与人口增长，人类活动对滨海滩涂湿地的影响更加频繁，包括围海造田、湿地改造、水利工程建设、城市化、工业化、围网养殖、污染物排放以及旅游活动等。不同的人为干扰方式造成了滨海滩涂湿地生态系统结构破坏、功能改变、服务减少，人类福祉受到严重影响。环境污染是不容忽视的因素之一，其他人为干扰方式也加剧滨海滩涂湿地水环境与底泥环境污染。例如随着城市化和工业化发展，沿岸生活污水、工业废水以及未经处理的固体废物的大量排放，海水养殖污染底数不清，部分池塘养殖及工厂化养殖相对粗放，港口、船舶污水处理设施不健全，海上溢油、危险化学品泄漏，其中的有毒、有害污染物威胁着滨海滩涂湿地的环境质量。

沿海地区经济的快速发展导致排放到滨海湿地的有机类、重金属等污染物增加。由于滨海滩涂湿地特殊地理位置和作用，各国广泛关注滨海滩涂湿地的污染状况，同时将更多研究资金投入沿海地区污染和其他环境问题研究中，日益重视生态环境保护工作，但在经济欠发达地区，滨海滩涂湿地的污染研究相对有限（Li et al.，2022）。

1.5.1　有机类污染

有机污染物来自工农业废水和生活污水的排放、石油开发及泄漏事故、农药的不合理使用等，其中持久性有机污染物（persistent organic pollutants，POPs）毒性大、难降解、可远距离传输，影响滩涂湿地沉积物中微生物的活性和功能，抑制甲烷生成、硫酸盐还原、二氧化碳生成以及硝化过程等，最终影响滨海滩涂湿地的生物地球化学循环。生活在滨海滩涂的植物由于经受着多重环境压力，对有机污染物的胁迫具有一定的应对能力，但是污染超过一定程度依然会损伤植物细胞的超微结构，影响蛋白质和色素合成，影响植物光合作用，有机污染物还能直接诱发水生动物畸形、免疫缺陷等，有机污染物会随着食物链在生物和人体中累积及生物放大，最终导致滨海滩涂生态系统处于亚健康或不健康状态，致使生态系统及服务功能受损，从而削弱生态系统综合服务功能。2010—2021 年，滨海滩涂湿地关于 POPs 的研究主要集中在红树林，特别是在我国和印度，以多溴二苯醚污染研究为主，且 POPs 研究更多关注对沉积物和动物的影响，对植物和微生物的影响研究较为有限（Lautaro et al.，2021）

　　多环芳烃（polycyclic aromatic hydrocarbon，PAHs）是滨海滩涂湿地污染中被广泛关注的一类持久性有机污染物，具有稳定的苯环结构、高脂溶性和相对低的水溶性，具有致癌、致畸、致突变"三致"其毒性。环境中 PAHs 的来源以人为源为主，主要包括化石燃料的自然挥发或泄漏，化石燃料和生物质的不完全燃烧，如石油源、石油燃烧源、煤和生物燃烧源，以及厌氧条件下有机质还原和聚合等也会造成 PAHs 污染（Hu et al.，2010）。滩涂湿地中 PAHs 的分布取决于时空变化、地理形态、水流动力学以及溢油事故的严重程度等因素（何培等，2018）。不同地区间滨海滩涂湿地沉积物中 PAHs 含量差别较大，伊朗波斯湾地区滨海湿地 PAHs 含量为 14～50 000 ng/g dw，地中海地区滨海湿地 PAHs 含量为 1～20 000 ng/g dw，而我国从南到北的滨海滩涂湿地 PAHs 含量为 3～2 000 ng/g dw（Cao et al.，2015；Bemanikharanagh et al.，2017；Jafarabadi et al.，2017；Keshavarzifard et al.，2017；Zhang et al.，2017）；在全球尺度上，波斯湾、地中海等局部滨海滩涂湿地已达到 PAHs 严重污染水平。受到多环芳烃污染的滨海滩涂湿地，其沉积物中微生物及底栖动物群落组成发生改变，同时 PAHs 损伤滩涂底栖动物的免疫功能、DNA 等（覃光球等，2006；Aline et al.，2019）。PAHs 若直接接触皮肤或通过呼吸道、消化道等途径被人体吸收，会增加人体患皮肤癌、肺癌和胃癌等风险。

1.5.2　重金属污染

　　重金属作为典型的累积性污染物，其污染具有持久性、生物富集和放大作用，对人类健康和生态环境具有显著的生物毒性和持久性威胁，可改变滨海滩涂湿地生态系统生态过程。内陆、海洋和大气等来源的重金属可通过水或空气远距离运输或从周边生态系统传输进入滨海滩涂湿地，而水生环境中的沉积物是污染物的"永久接收器"，是重金属污染物的主要载体和宿体。在沉积物中，重金属的移动性差，滞留时间长，不能被微生物降解，通过不断的富集可以达到很高的浓度。滨海滩涂湿地中重金属含量可以反映湿地的污染状况，也是反映滩涂湿地生态系统健康状况的重要指标之一。在全球范围内，特别是 2010—2019 年，滨海滩涂湿地重金属污染研究文章数量呈现快速增长的趋势，2000 年之前全球滨海湿地重金属污染研究主要是由美国推动，2010 年之后主要由中国推动（Li et al.，2022）。

　　滨海滩涂湿地重金属污染存在区域间差异,如我国渤海、黄海和东海海岸带滩涂湿地环境中重金属含量较高,而在南海及北部湾等潮间带污染程度较轻(Pan et al.,2012)。河口区滨海湿地一般污染程度更高(Kang et al.,2020),因此全球滨海滩涂湿地研究重点区域多集中在河口区,如在阿根廷布兰卡河、坦桑尼亚 Msimbazi 河、马兰西亚巴生河(Hempel et al.,2008;Elturk et al.,2019;Shovi et al.,2019),以及我国黄河、长江、钱塘江及珠江的河口区滨海滩涂湿地的重金属污染均备受关注(Yao et al.,2016;刘志杰等,2012;Chen et al.,2001;Hu et al.,2013;Zhang et al.,2009;Deng et al.,2010;Pang et al.,2015;Li et al.,2007)。河口区滨海滩涂湿地的重金属含量一般呈现高潮滩高于中、低潮滩的分布规律,这与潮汐、水动力过程直接相关(饶清华,2020)。然而,不同河口区重金属污染程度存在差异,如我国珠江三角洲滨海滩涂湿地的重金属污染比长江三角洲和黄河三角洲滨海滩涂湿地的重金属污染更为严重(Pan et al.,2012)。近年来,非河口区的滨海滩涂湿地受重金属污染压力增加,日本东南沿海、韩国沿海、我国莱州湾及江苏沿海的滨海滩涂湿地沉积物中重金属污染状况越发受到关注(Rahman et al.,2012;Zhang et al.,2015;欧阳凯等,2018;Liu et al.,2015)。

　　不同地区滨海滩涂湿地所关注的重金属污染物种类也有所不同,如汞在美洲受到广泛关注,镉在中国、韩国和印度受到广泛关注,铅在西欧和澳大利亚受到广泛关注(Kang et al.,2020;Li et al.,2022),这与地区间不同种类的重金属污染程度有关。相邻的海域滨海滩涂湿地污染中重(类)金属种类也存在差异,如渤海滨海滩涂湿地沉积物中汞和铅污染较为严重,我国黄海沿岸滨海滩涂湿地沉积物中砷、汞和铅污染较为严重,韩国黄海沿岸滨海滩涂湿地沉积物中镉和汞污染较为严重(Kang et al.,2020),这表明陆源污染是滨海滩涂湿地重金属污染的主要来源。即使在同一采样点,不同重金属元素的历史变化规律也不尽相同,除了重金属元素本底值间差异外,与周边地区经济发展历史有关(Zhao et al.,2018)。

　　重金属污染影响物种多样性和丰度,影响生物生长,致使滨海滩涂湿地生态系统恶化,并沿水生食物链进行生物放大,威胁到上层营养级甚至是人类的健康。有研究表明,莱州湾滨海滩涂底栖动物物种多样性指数与重金属铅、铜、锌、镉的含量呈负相关(张莹等,2012)。黄河三角洲滨海滩涂湿地沉积物中镉含量增加会使碱蓬植物叶绿素含量和生物量减少,抑制碱蓬生长(宋红丽等,2018);沉积物中的重金属污染会降低红树林幼苗存活率、植株高度、生物量,减少叶片数量和面积、植株密度等(Caregnato et al.,2008;Gonzalezmendoza et al.,2007)。滨海滩涂湿地部分生物在重金属污染下能够产生应对的生存策略,如网纹原角藻(*Protoceratium reticulatum*)、强壮前沟藻（*Amphidinium carterae*）和海洋原甲藻（*Prorocentrum micans*）暴露在金属中会迅速成囊（罗芳，2021）。

1.5.3　营养盐类及其他污染

　　滨海滩涂湿地营养盐，特别是氮、磷含量增加会引起水体缺氧以及富营养化，这是一个全球性的环境问题，受到世界各国关注（Turner et al.，2007；Watanabe et al.，2009）。滨海滩涂湿地中氮、磷的含量来自陆源和海源的共同影响，如农业生产施肥量的增加、牲畜粪便的生产、土地开垦与利用等多种陆源因素均会影响滨海滩涂湿地氮、磷的分布与含量，而海洋中生物固定的氮、磷也是其重要的来源（Ro et al.，2018）。我国滨海滩涂湿地营养盐污染来源具有区域间差异。根据（2017—2020 年）《中国海洋生态环境状况公报》报道，2017—2018 年黄河三角洲、长江三角洲和珠江三角洲的近岸海水水质以劣四类水质为主，2019—2020 年黄河三角洲和珠江三角洲近岸海水水质有所改善且主要超标指标为无机氮，而长江三角洲主要超标指标为无机氮和活性磷酸盐，这表明黄河三角洲、长江三角洲和珠江三角洲滨海滩涂湿地营养盐污染来源不同。

　　近年来，微塑料对滨海滩涂湿地污染的研究也受到广泛关注。研究表明，黄河三角洲潮上带及潮间带土壤中塑料的整体丰度范围为 7～147 个 /kg，相较于世界范围内其他滨海地区属于中等水平，其中生长翅碱蓬区域是微塑料平均丰度较高的区域（宋劼等，2022），其污染涉及面广，环境风险不容忽视。

第 2 章 研究区概况

2.1 黄河三角洲区域概况

2.1.1 地理位置

黄河三角洲位于山东省东北部，渤海湾和莱州湾之间，其范围为东经 118°10′~
119°15′、北纬 37°15′~38°10′，一般指以宁海为顶点，北起套尔河口，南至支脉沟口，
大致包括 1855 年黄河改走现河道后，入海流路摆动改道的扇形地区（图 2-1）。行政
区划 93% 属于东营市，7% 属于滨州市（张晓龙等，2007）。

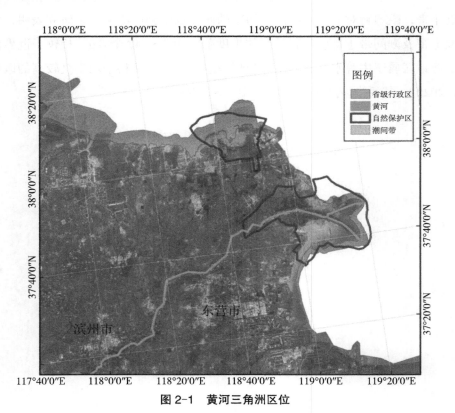

图 2-1 黄河三角洲区位

2.1.2　气候特征

黄河三角洲地处中纬度，受到亚欧大陆和西太平洋的共同影响，冬冷夏热，四季分明，属于北温带半湿润大陆性季风气候，多年平均气温 11.7～12.6℃，年均降水量为 530～630 mm，降水 70% 集中在夏季，冬季降水仅占 3%，雨热同期，年均日照时数 2 682 h，年均蒸发量为 1 962 mm，夏季盛行东南风，冬季盛行西北风，年平均风速约为 4 m/s，年均无霜期 210 d（刘峰，2015；韩广轩等，2018）。

2.1.3　地形地貌

黄河三角洲地形地貌主要受黄河流路的演变及形成所控制，是典型的扇形三角洲，属于河流冲积物覆盖海相层的二元相结构（韩广轩等，2018）。黄河三角洲由黄河挟带大量泥沙在渤海凹陷处沉积形成的冲积平原，黄河口地势沿黄河入海流向由西南向东北倾斜，海拔 1～20 m，地貌以微斜平地和海滩地为主。黄河三角洲受历史上黄河多次泛滥、决口改道、风暴潮淹没、海岸侵蚀、人类活动等因素影响，黄河三角洲内陆地表各类陆相、海陆交互相沉积物反复淤淀、交错分布，微地貌发育较好，形态复杂，类型较多（张绪良等，2014）。根据地貌成因，可分为山前冲洪积平原、古黄河三角洲平原和现代黄河三角洲平原 3 种地貌景观。根据地貌形态，可分为河成高地、坡地、河口沙嘴、残留冲积岛、洼地和潮滩地貌等形态类型（韩广轩等，2018）。

2.1.4　土壤特征

黄河三角洲土壤的分布主要受黄河、地形地貌、潜水埋深和成土母质的影响，由海向陆过渡，土纲（发生类型）呈盐碱土、半水成土和初育土、半淋溶土和淋溶土依次分布的趋势，其中以半水成土最为广泛，淋溶土所占面积最小（骆永明等，2017）。黄河三角洲的土壤类型有褐土、砂浆黑土、潮土、盐土和水稻土等，以潮土和盐土为主，其中潮土主要分布在小清河以北、小清河以南部分乡镇；盐土主要分布在黄河现行入海河口两侧的三角洲外缘。黄河三角洲由于成陆时间短，新生土地熟化程度低、土壤养分少、含盐量高，地表蒸发快，极易盐碱化，土壤的主要特征为有机质、氮、磷含量较低，钾含量较高。

2.1.5　水文特征

黄河三角洲地区的陆地水文条件比较复杂，有地表水、地下水和海水 3 类水体分布。地表水主要包括河流、水库、坑塘 3 种水体，河流有黄河、小清河、徒骇河、德惠新河、马颊河、支脉河、潮河等入海河流20多条，其中黄河是流经三角洲地区最长、影响最大的河流，其入海径流量占该地区全部入海河流总径流量的94%，其他河流多为季节性河流或排涝河流（韩广轩等，2018）。黄河三角洲已建成库容 $1\,000 \times 10^4\ m^3$ 以上水库23座，平原水库总库容为 $5.40 \times 10^8\ m^3$，建成坑塘 $34\,778.4\ hm^2$（张绪良等，2014）。黄河三角洲地下水属于松散岩类孔隙水，水质和埋藏条件在空间分布上有明显的分带性。该区地下水多为咸水和卤水，淡水和微咸水匮乏（王娟，2011；刘勇等，2014）。

2.1.6 湿地概况

黄河三角洲是我国三大河口三角洲之一，目前是世界上土地面积自然增长最快的地区之一，孕育了世界上最年轻、最具特色的滨海湿地，也是中国暖温带保存最完整的湿地生态系统（张晓龙等，2007；刘志杰等，2012）。受河海淡咸水双重影响，加之地貌、人为作用，黄河三角洲发育了多种多样的湿地生态系统（刘志杰等，2012），总体上黄河三角洲湿地可分为自然湿地和人工湿地两大类（表2-1），其中自然湿地占主要地位，占比达73.5%，而浅海滩涂湿地是自然湿地中的主要类型，占自然湿地面积的60%以上（刘志杰等，2012）。

表2-1 黄河三角洲湿地类型和面积

湿地类型		面积 /km^2	占总面积百分比 /%
自然湿地	浅海滩涂湿地	3 014.81	48.3
	河口湿地	147.05	2.4
	河流湿地	566.70	9.1
	沼泽湿地	236.00	3.8
	草甸湿地	529.21	8.5
	疏林灌丛湿地	88.01	1.4
	合计	4 581.78	73.5
人工湿地	水库与水工建筑	1 015.09	16.3
	水田	117.00	1.9
	盐田	169.36	2.7
	虾池	353.28	5.6
	合计	1 654.73	26.5

引自：张晓龙等，2007。

黄河三角洲湿地具有重要的生物质资源价值和环境生态价值，具有原生性、脆弱性和稀有性 3 个典型特征。在黄河径流泥沙和海洋动力共同作用下，河口尾闾不断淤积延伸、摆动改道、循环演变，新生陆地不断出现，使得湿地生态系统具有鲜明的原生性。湿地生态系统发育层次低，物种多样性比较贫乏，食物链结构比较简单，适应变化的能力弱，整个生态系统不成熟且不稳定，因此是极为脆弱的生态敏感区。同时，黄河三角洲为东亚—澳大利西亚候鸟迁徙提供了关键枢纽、越冬栖息地和繁殖地，对全球生物多样性保护具有重要意义，展现了其稀有性（宋爱环等，2015）。

2.1.7 社会经济

黄河三角洲开发历史仅有百余年，是胜利油田的重要采油区，也是传统农业经济区，人均粮食占有量居山东省第一位，但是由于开发较晚，集约化程度低，导致农作物单产水平低。在石油工业的带动下，地方工业迅速发展，已基本形成了以石油化工、盐及盐化工、纺织、造纸、机电、建筑、建材、食品加工为主导的多元化工业体系（李荣冠等，2015）。黄河三角洲及邻近市县社会经济概况见表 2-2。随着人口增长、经济的发展，城镇建设也迅速扩张，黄河三角洲滨海滩涂所承受的压力会不断增加。

表 2-2　黄河三角洲及邻近市县社会经济概况（2020 年）

地区	人口 / 万人	地区生产总值 / 亿元	三产结构比
东营市	219.35	2 981.19	5.30：56.30：38.40
东营区	54.76	451.73	2.70：31.10：66.20
河口区	19.76	190.53	13.00：45.40：41.60
垦利区	25.71	267.40	11.50：52.60：35.90
利津县	23.82	240.34	14.50：46.70：38.80
广饶县	52.17	620.80	7.60：59.80：32.60
东营开发区	38.39	418.89	1.60：48.20：50.20
东营港开发区	4.73	163.35	0.00：67.40：32.60
沾化区	39.80	162.62	25.21：31.02：43.78
无棣县	45.66	237.91	17.16：35.90：46.95

引自：《东营统计年鉴 2021》《滨州统计年鉴 2021》。

2.2 黄河三角洲滨海滩涂湿地演化

黄河三角洲滨海滩涂湿地是环渤海滨海湿地的重要组成部分，是渤海湾与莱州湾近岸海水水质净化的潜在天然场所，也是黄河三角洲湿地最主要的一类天然湿地。现代黄河三角洲滨海滩涂湿地是在黄河泥沙淤积形成的沉积体叶瓣上发生的，其演化发育与黄河来水、来沙量有着密切的关系。从演变时间上，黄河三角洲滨海滩涂湿地形成前期以自然因素为主。自然驱动因子有区域构造运动、河流改道、河流入海径流量与泥沙含量、海洋动力、海面相对升降等。黄河三角洲位于第三纪以来地壳长期持续下沉区，但黄河携带的泥沙堆积超过了地壳下沉作用的效应，因此黄河三角洲不断向海延伸，造成了黄河三角洲地区新生的滨海滩涂湿地不断形成，原来的滨海滩涂湿地不断增高（张绪良等，2014）。黄河从 1855 年经过 11 次改道后形成了 8 个相互叠置的分流叶瓣；1976 年以来，新叶瓣发育经历了扇形平面展开、纵向突出伸展、横向扩展、废弃改造 4 个阶段，形成了一个非常年轻的黄河三角洲。由于黄河是世界上含沙量最高的河流，渤海是世界上最浅的内海海域之一，致使黄河三角洲是世界上淤进速度最快的地区之一。因此，黄河三角洲滨海滩涂湿地的地质地貌演化非常迅速（董鸣等，2021）。

黄河三角洲滨海滩涂湿地演变后期以自然因素与人为因素共同作用。20 世纪 80 年代以来，由于人类的开发和黄河流域气候的变化、黄河水沙量减少、海洋侵蚀等因素，使得黄河造陆速率下降，滨海滩涂湿地呈现萎缩、破碎化趋势。加之 20 世纪 70 年代末推行养殖开发、盐田建设造成滩涂进一步破碎化，呈现滨海滩涂湿地面积逐年下降而人工滨海湿地面积大幅增加的趋势，人工湿地向非湿地演变。2008 年与 1990 年相比，黄河三角洲由于围填海活动导致 40% 的滨海滩涂湿地流失（马田田等，2015）。农田开垦、油田开发、工程建设等人类活动是导致黄河三角洲滨海滩涂湿地减少的主要人为因素（李荣冠等，2015）。

2.3 黄河三角洲滨海滩涂湿地主要生物

2.3.1 植物

植物是滨海滩涂湿地生态系统结构稳定和功能保障的基础，是滨海滩涂湿地生态系统的重要组成部分。黄河三角洲滨海滩涂湿地植被演化过程一般为裸露滩涂湿地演化为盐地碱蓬滩涂湿地，再由盐地碱蓬滩涂湿地演化为柽柳—盐地碱蓬滩涂湿地，再演化为潮上带盐地碱蓬湿地，进一步演化为潮上带盐地碱蓬—柽柳湿地，进一步演化为潮上带碱蓬湿地、芦苇沼泽湿地，从而演化为草甸湿地，常被围垦演化为农田、人工林等（肖笃宁等，2001）。由于成陆时间短、新生土地熟化程度低、土壤养分少、含盐量高，分布于黄河三角洲滨海滩涂湿地的植物以耐盐植物为主，主要本土植物有翅碱蓬（*Suaeda salsa*）、芦苇（*Phragmites australis*）、柽柳（*Tamarix chinensis*）等，入侵植物有互花米草（*Spartina alterniflora*），植被结构简单类型少，草本植被占优势。在黄河三角洲滨海滩涂湿地，翅碱蓬常常形成单一种群（图 2-2），形成"红海滩"景观。黄河三角洲滨海滩涂湿地分布的维管植物物种数量尚无定论，这与滨海滩涂范围难以界定具有一定关系。

图 2-2　黄河三角洲滨海滩涂上碱蓬（A）及其种群（B）

2.3.2　鸟类

黄河三角洲地处暖温带，黄河三角洲外缘有广阔的浅海滩涂和沼泽，内陆有大面积的人工水库、湿地植被，丰富的湿生植物和水生生物资源为鸟类繁衍生息和迁徙越冬提供了良好环境，为东北亚内陆和环西太平洋鸟类迁徙提供了重要繁殖地和越冬栖息地（图 2-3）。黄河三角洲水禽多样性丰富，且国家重点保护水禽种类多，被誉为"鸟类的国际机场""珍禽的乐园"，共记录了野生鸟类 19 目 64 科 367 种，其中国家一级保护鸟类 12 种，国家二级保护鸟类 51 种（刘月良等，2013）；黄河三角洲湿地调查记录共有鸟类 16 目 38 科 199 种（贾建华等，2003）。黄河三角洲滨海滩涂湿地主要分布有鸻类、鹬类、鹭类、鸥类、鸬鹚类、雁鸭类、鹤类等，属于国家一级重点保护动物的有东方白鹳（*Ciconia boyciana*）、黑嘴鸥（*Larus saundersi*）、白尾海雕

（*Haliaeetus albicilla*）、丹顶鹤（*Grus japonensis*）、白头鹤（*Grus monacha*），属于国家二级重点动物的水禽有海鸬鹚（*Phalacrocorax pelagicus*）、白额雁（*Anser albifrons*）等（刘月良等，2013）。

A—大白鹭（*Ardea alba*）；B—黑嘴鸥（*Larus saundersi*）幼鸟；C—黑嘴鸥巢穴与蛋
图 2-3　黄河三角洲滨海滩涂栖息与繁殖的鸟类

2.3.3　大型底栖动物

黄河三角洲滨海滩涂湿地的低潮、中潮、高潮带的大型底栖动物存在分带现象，高潮带、中潮带、低潮带种类数目呈依次递增的趋势，季节间物种数目差异不大（冷宇等，2013；李宝泉等，2020）。调查表明，黄河三角洲滨海滩涂低潮带有大型底栖动物 82 种，中潮带和高潮带各有 70 种（李宝泉等，2020）；也有调查表明，黄河三角洲滨海滩涂大型底栖无脊椎动物有 3 门 5 纲 16 目 37 科 50 属 60 种，其中环节动物多毛类 7 种，节肢动物 18 种，软体动物 35 种，软体动物和节肢动物是最主要类群（史会剑等，2021）。丰富的大型底栖动物为众多水鸟提供了丰富的食物资源，也是许多甲壳动物及鱼类的重要食物来源（图 2-4）。

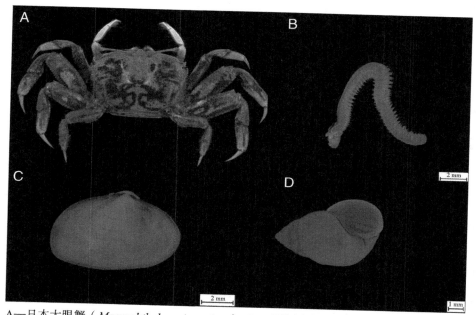

A—日本大眼蟹（*Macrophthalmus japonicus*）；B—双齿围沙蚕（*Perinereis aibuhitensis*）；
C—薄壳绿螂（*Glauconome chinensis*）；D—绯拟沼螺（*Assiminea latericea*）

图 2-4　黄河三角洲滨海滩涂常见底栖动物

2.4　黄河三角洲滨海滩涂湿地生态环境

2.4.1　景观格局变化

土地利用是生态系统和景观格局的直接载体，由于人类活动和气候变化等对土地利用的影响，导致景观格局呈现以破碎化为主的变化趋势，而景观破碎化将进一步导致生态系统完整性下降、生境隔离、生物多样性降低等。1976 年，黄河改道清河沟流路初期，海岸快速向海淤进，黄河三角洲滨海滩涂面积快速增长；近年来黄河泥沙入海量明显下降，从而使黄河入海河口区淤进变慢，黄河三角洲滨海滩涂湿地侵蚀明显加剧，加之 20 世纪 70 年代末推行养殖开发、盐田建设造成其进一步破碎化，黄河三角洲呈现滨海滩涂湿地面积逐年下降而人工滨海湿地面积大幅增加（郭宇等，2018）。根据多方研究表明，黄河三角洲滨海滩涂湿地面积 1986 年为 504.97 km²，1998 年为 813.01 km²，2016 年则减少为 482.54 km²（Wang et al.，2020）；1986—2016 年，东营地区滨海滩涂湿地面积减少 872.06 km²，包括 237.06 km² 转化为养殖池塘，114.79 km² 转化为盐田（徐振田等，2020），1996—2015 年分布于黄河口滨海滩涂湿地以每年 2.25 km² 的速度减少（信志红等，2018）。从东营港以南至黄河口以北的山东黄河三角洲国家级自然保护区边界的滨海滩涂湿地受损极为严重，位于渤海湾和莱州湾滨海滩涂湿地景观破碎化严重。防潮堤坝修筑、农田开垦、盐田和养殖池建设、油井和工程开发等人类活动阻断了海陆交换过程，是导致黄河三角洲滨海滩涂湿地呈现萎缩、破碎化趋势的主要人为因素（李荣冠等，2015；姚云长等，2016；Yu et al.，2021）。

2.4.2　生态系统健康

生态系统健康是生态系统的综合特性，表现为在人类活动干扰下生态系统本身结构和功能的完整性。有研究表明，2011 年黄河三角洲滨海滩涂生态系统健康状况呈现一般病态、亚健康状态，特别是位于渤海湾和莱州湾区域的滨海滩涂湿地生态系统健康呈现一般病态，黄河口附近滨海滩涂湿地生态系统健康呈现亚健康状态（安乐生等，2011）。近年来，黄河三角洲湿地生态系统健康状况有所改善，但是尽管在黄河三角洲国家级自然保护区内开展多种保护措施，其范围内的湿地生态系统健康依然处于亚健康的临界底线，黄河口生态系统处于健康状态但呈明显下降趋势（由佳等，2017；牛明香等，2017；姚家俊，2018）。湿地不合理开发、浅海养殖过度及污染物排放等人类活动是影响黄河三角洲滨海滩涂生态系统健康的重要因素。

2.4.3　生物入侵

黄河三角洲滨海滩涂湿地主要入侵生物为互花米草（*Spartina alterniflora*），其入侵已经导致黄河三角洲滨海滩涂湿地物理、生物地理化学、生物过程、生态系统结构和功能及景观格局的重大改变（Wang et al.，2021；Kangle et al.，2021）。黄河三角洲于 1990 年前后引入互花米草，随后互花米草在滨海滩涂迅速蔓延，大面积滨海滩涂被其侵占。2009 年前后，互花米草种群开始入侵至黄河口北岸滩涂区域，其覆盖面积约为 0.228 km²；截至 2017 年，互花米草覆盖面积已经达到 40.92 km²，且随着其定植年份的增加，植株密度也在增加（马旭等，2020）。随着黄河三角洲滨海滩涂湿地横向水系的联通也进一步促进了互花米草入侵扩展（Xie et al.，2021b）。

2.4.4 污染状况

（1）污染物主要来源

黄河三角洲是中国重要的石油工业生产基地，是胜利油田所在地。胜利油田 1961 年在黄河三角洲打出第一口工业油井，1964 年开始进行油气勘探开发建设，1992—2009 年黄河三角洲东部油田开发区的油井密度增加了 1 122%（韩广轩等，2018），截至"十一五"末期，已累计生产原油 9.62×10^{10} kg，约占同期全国原油产量的 1/5（王君，2018）。石油在开采、冶炼、使用、运输、油井退出等过程中的污染和遗漏事故，以及含油废水的排放、污水灌溉，各种石油制品的挥发、不完全燃烧物等引起的一系列石油污染等问题（李俊生等，2013），均会对黄河三角洲滨海滩涂湿地造成污染。有研究表明，黄河三角洲滨海滩涂沉积物中重金属铅、镉主要来自石油开采等外来输入（Yao et al.，2016；Zhang et al.，2016），因此石油开采是引发黄河三角洲滨海滩涂重金属污染的主要因素。

在油田开采以及石油工业的带动下，黄河三角洲形成了以石油化工、纺织、造纸、机电、建筑等为主导的多元化工业体系。20 世纪 90 年代以来，黄河三角洲地区港口、工业园区、道路交通等建设用地面积大幅增加，由内陆向沿海方向扩展，而滨海滩涂等未利用地面积减小，2018 年相较于 2005 年建设用地面积增加了 2.33 倍，也有研究表明，2018 年相较于 1998 年生产用地增幅为 13.5%，生活用地增幅为 3.69%（宋雨桐等，2021；韩美等，2021）。由于港口、工业园区和道路交通均与生产、生活密切相关，也不断增加了黄河三角洲地区的环境污染压力（姚志刚等，2016；张文博等，2022）。

随着工业发展，黄河三角洲地区人口数量不断增加，带动了当地农业、渔业的快速发展。然而，由于黄河三角洲以传统种养殖技术为主，因此作物产量不高，品质不佳，效益相对较低。加之黄河三角洲地区土壤熟化程度低，养分含量低导致该地区种植业主要依靠使用大量化肥、农药、地膜以获得高产。但土壤盐碱也导致化肥、农药利用率降低，加上地下水位高、盐离子交换强，硝酸盐淋失非常严重，这些因素是该地区环境面源污染的主要来源（欧阳竹等，2020）。从 20 世纪 80 年代起，黄河三角洲渔船数量不断增加，同时渔船动力设备等不断提升，大马力柴油动力渔船除提升捕捞能力外，也增加了其停泊港口及近岸海域的环境压力（李荣冠等，2015；张文博等，2022）。近年来，黄河三角洲地区渔业呈现捕捞作业减少而水产养殖业快速发展的趋势。水产养殖和盐业生产直接侵占了天然滨海滩涂湿地，使其面积大量减少，降低了水体交换能力和污染物自净能力，同时水产养殖增加污染物排放量（张灿等，2021）。

由于黄河三角洲滩涂湿地生态环境脆弱，抗干扰能力与自我恢复能力较弱，受到污染后自我恢复难度大（图2-5）。

A—滩涂上的油井；B—渔港；C—滩涂周边风力发电设施；D—东营港
图2-5　黄河三角洲滨海滩涂上的人类活动

（2）污染状况

环境污染会对生物造成严重的损害，威胁生态系统健康，甚至对人类健康和生态环境造成持久性威胁。黄河三角洲滨海滩涂湿地生态系统功能日益退化，环境污染是重要的影响因素之一。针对有关水体富营养化、重金属及有机类污染，学者开展了大量研究工作。

渤海的水体富营养问题十分突出，1952—1999年渤海发生24次赤潮，而2000—2016年，渤海赤潮发生次数达到165次，并且范围逐渐由近岸海域向渤海中部扩散，发生在渤海湾西部、辽东湾西部以及黄河口海域的赤潮对海洋生态危害最大（宋南奇等，2018）。根据《中国海洋生态环境状况公报》报道，2017—2018年，黄河口及其以南位于莱州湾的近岸海域海水为四类、劣四类水质，主要超标指标为无机氮，2019—2020年，黄河三角洲位于莱州湾的近岸海域海水为二类、三类水质，但是黄河口近岸海域海水依然为四类、劣四类水质。有研究表明，黄河口滩涂湿地上覆水中总溶解态氮、溶解态无机氮、溶解态有机氮与珠江口湿地、闽江口湿地上覆水含量相近，而沉积物中溶解态有机氮含量高于我国其他河口区（Guo et al.，2016），更多研究关注黄河口湿地的氮、磷分布状况（Chen et al.，2008；Gao et al.，2015），对黄河三角洲滨海滩涂湿地营养盐的含量及空间分布特征关注较少。

黄河口湿地表层沉积物中重金属铬、镍、铅、铜含量处于国内河口湿地中等水平，低于欧美发达国家河口湿地的含量（Liu et al.，2012）。现代黄河河口区沉积物表层重金属含量最高，鲁北古代黄河三角洲区重金属含量次之，而现代废弃河口区最低（刘志杰等，2012；Xie et al.，2014；Liu et al.，2014）。对比黄河三角洲滨海潮间带、石油开发区和生态修复区的沉积物中重金属状况，发现石油开发区重金属污染最为严重，而生态修复区重金属污染最轻（Yao et al.，2016），针对黄河三角洲滨海滩涂一个典型潮沟沉积物中重金属铬、镉、铜、镍、铅、锌等的分析，仅监测到镉（Bai et al.，2011）。

石油是一种含有多种烃类（正烷烃、支链烷烃、芳烃、脂环烃）及少量其他有机物（硫化物、氮化物、环烷酸类等）的复杂混合物，其中有 2 000 多种毒性大且疑有"致畸、致癌、致突变"效应的有机物质，如苯系化合物，多环芳烃中菲、蒽、芘及酚类等（李俊生等，2013）。石油开发增加了多环芳烃排放到环境中的风险，对比黄河三角洲不同区域土壤或沉积物中多环芳烃含量，有结果表明，黄河口附近的滨海滩涂湿地中多环芳烃含量低于居民区、油井开采区和河口湿地（Yang et al.，2009）。沿新、老黄河入海方向在河口区采集水样和沉积物，分析有机氯农药、多环芳烃、多氯联苯和多溴联苯醚，结果表明，有机氯农药来源于历史残留，生态风险较低，而多环芳烃除在油井附近土壤中均处于无污染状态（<200 ng/g），多氯联苯含量高于渤海中含量，但是低于长江口、珠江口沉积物中含量；多氯联苯醚含量均低于加拿大环境部制定的联邦环境质量指导方针中规定的阈值，表明生态风险较低（刘桂建等，2017）。然而，关于黄河三角洲滨海滩涂湿地污染状况的研究较为有限，主要集中在黄河口区域，为更好地支撑黄河三角洲滨海滩涂湿地生态环境保护工作，亟待全面分析其环境质量状况。

第 3 章　黄河三角洲滨海滩涂沉积物氮、磷含量及空间分布

湿地沉积物中氮、磷含量是水体富营养化的重要影响因素之一,湿地沉积物中氮、磷含量对水净化功能和生态平衡具有重要影响。近年来,渤海的水体富营养问题十分突出,营养元素氮、磷的大量输入将引发水体富营养化甚至引发赤潮,这对海洋生态平衡、水产资源等危害很大。黄河三角洲位于渤海南岸,滩涂是黄河三角洲最大的自然湿地类型。黄河三角洲滨海滩涂湿地是黄河口附近海水的天然水质净化场所。全面调查黄河三角洲滨海滩涂沉积物中氮、磷含量及其空间分布,不但可以全面分析黄河三角洲滨海滩涂沉积物污染状况,对准确评价黄河三角洲滨海滩涂水质净化功能具有重要意义。

3.1　研究方法

3.1.1　采样方法

沿着黄河三角洲海岸线从滨州市徒骇河河口至东营市支脉沟口较为均匀地布设 7 个采样地(图 3-1),分别位于渤海湾、黄河口附近及莱州湾海岸,均以翅碱蓬(*Suaeda salsa*)为单一植被种群的滨海滩涂。在每个样地均垂直于海岸线分别设定 3 条样线,各样线间距离为 200～300 m;每条样线从低潮潮位线向岸上间距 200 m 分别设定 6 个样点,其中样地 2 和样地 4 由于堤坝和道路修建,每条样线仅完成 5 个样点布设。每个采样点用 5 点梅花分布法取 0～5 cm 表层沉积物,土样混匀 4 分法取样,共采集土壤 120 个。每个样点中土样放入塑封袋中,带回实验室自然风干。每条样线的不同样点若有植被,则在样点随机选取 3 个 1 m×1 m 植物样方,并记录植株数量。

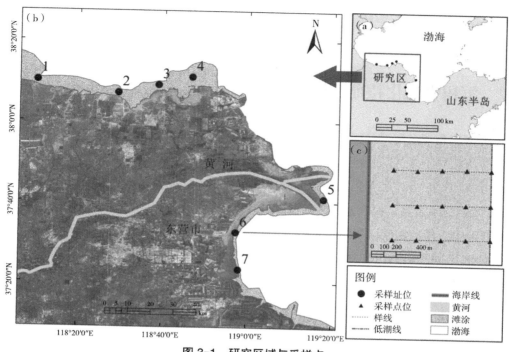

图 3-1　研究区域与采样点

3.1.2　指标测定

使用 Multi N/C3100（Analytikjena，德国）HT1300 固体模块分析了沉积物中的总氮（TN）。沉淀物用氯化钾萃取，用紫外分光光度计（UV754N，中国）测定硝态氮（NO_3^--N）含量，用靛酚蓝法测定铵态氮（NH_4^+-N）含量（Bolleter et al.，1961）。采用 $HClO_4-H_2SO_4$ 消解，Mo-Sb 比色法测定沉积物中总磷（TP）（Parkinson et al.，1975）。采用 Olsen 碳酸氢盐可提取磷法，Mo-Sb 比色法测定沉积物中有效磷（AP）。在摇晃土壤－水（1 : 2.5，质量比）悬浮液 30 min 后，用 pH 计（FE20-FiveEasy™ pH，梅特勒－托莱多，德国）测量 pH。使用 Multi N/C3100 的 HT1300 固体模块分析沉积物中的总有机碳（TOC）。沉积物用 10% 的 HCl 溶液酸化以去除碳酸盐，在 100℃ 下放置 3~12 h，以分析总有机碳（TOC）。使用 Mastersizer 2000（Malvern，英国）测量沉积物样品的颗粒大小，并将其分为黏土（<4 μm）、壤土（4~63 μm）或砂土（>63 μm）。

3.1.3　数据分析

采用单因素方差分析法（One-way ANOVA）分析不同样地和离海距离对沉积物中

TN、NO_3^--N、NH_4^+-N、TP 和 AP 含量的影响。采用 Pearson 相关性分析方法分析沉积物中 TN、NO_3^--N、NH_4^+-N、TP、AP、TOC、pH 与沉积物粒径组分的关系。

3.2　沉积物理化特征及植物分布特征

黄河三角洲滨海滩涂表层沉积物的理化性质具有明显的空间异质性。在不同样地间滩涂沉积物中 TOC 的含量、pH 和沉积物粒径均显著不同（表 3-1）。7 个样地间沉积物中 TOC 含量、pH 和沉积物粒径分布不一致（图 3-2）。如 7 个样地中的样地 4 沉积物中 TOC 含量最高，而沉积物 TOC 含量在样地 3 和样地 6 的含量最低 [图 3-2（a）]。7 个样地中，样地 3 的沉积物 pH 最高，样地 5 的沉积物 pH 最低 [图 3-2（b）]。距低潮潮位线不同距离的沉积物中 TOC 含量、pH、黏土含量、壤土含量无显著差异；只有离低潮潮位线不同距离的沉积物中砂土含量具有显著变化（表 3-1）。

表 3-1　单因素方差分析（F 值）不同样地间及与低潮不同距离的沉积物中不同形态氮、磷含量及沉积物基本理化指标

差异来源	$d.f.$	TN	NH_4^+-N	NO_3^--N	TP	AP	TOC	pH	黏土	壤土	砂土	植物密度
样地	6	7.562***	5.211***	14.448***	12.875***	4.274***	13.366***	11.462***	6.897***	7.327***	2.359*	8.313***
距低潮潮位线距离	6	0.929	0.429	0.492	1.444	0.803	1.005	0.446	0.953	0.368	3.621***	1.766

注：$d.f.$ 为自由度；* 表示 $P<0.05$；*** 表示 $P<0.001$；无 * 为差异不显著，符合正态性（Shapiro-Wilk 检验，$P>0.05$）和方差齐性（Levene 检验，$P>0.05$）。

黄河三角洲河口潮间带主要生长的植物有翅碱蓬。7 个样地的翅碱蓬密度明显不同。在每个样地，从距离低潮潮位线 200～1 000 m 的滩涂范围内，翅碱蓬密度以分布距离低潮潮位线 400～800 m 的范围内最高。距离低潮潮位线 200 m 以内滩涂均为裸滩，无翅碱蓬生长。不同距离间，距离低潮潮位线 400～800 m 的范围内翅碱蓬生长较好。这表明，在一定程度，距离低潮潮位线的距离效应不但会影响翅碱蓬分布还会影响翅碱蓬密度。同时，河口地区的翅碱蓬密度显著高于非河口地区。在黄河口附近的样地 5 每平方米约有 8 株翅碱蓬，然而在样地 1 和样地 7，每平方米少于 1 株翅碱蓬 [图 3-2（f）]。

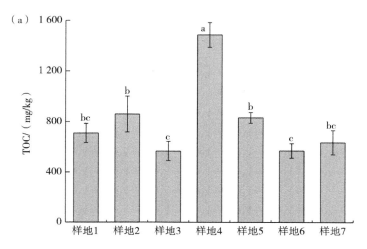

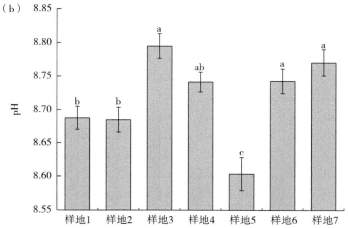

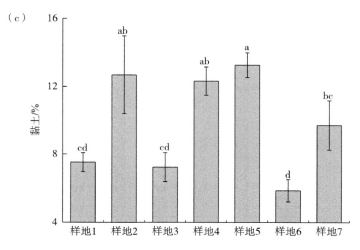

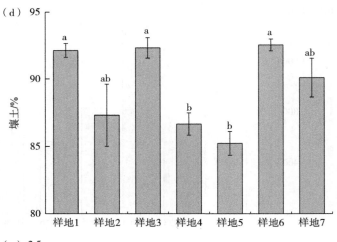

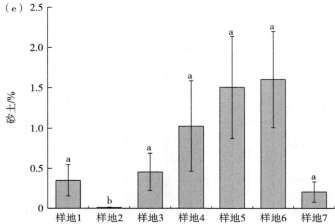

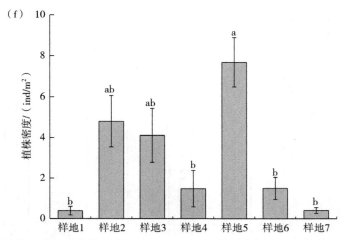

注：柱状图中竖线表示标准误差，字母（a、b、c、d）表示根据 Fisher 的 LSD 检验具有显著差异（$P<0.05$），字母相同表示无显著差异。

图 3-2　不同样地的沉积物的理化性质和植株密度

3.3　不同地点沉积物氮、磷含量及组分变化

潮间带沉积物氮、磷组分具有明显的空间异质性。7 个样地的沉积物 TN 含量为 233.2～418.5 mg/kg（平均含量为 311.6 mg/kg）。沉积物中 TN 平均含量以黄河口附近样地 5 最高，而样地 4 的沉积物中 TN 平均含量最低［图 3-3（a）］。不同样地的沉积物中 NH_4^+-N 含量为 2.130～4.610 mg/kg（平均含量为 3.600 mg/kg）。沉积物中 NH_4^+-N 平均含量在样地 2 最大，在样地 1 的沉积物中最小［图 3-3（b）］。7 个样地的沉积物中 NO_3^--N 的含量为 3.429～9.229 mg/kg，平均含量为 5.58 mg/kg。NO_3^--N 平均含量最大值出现在样地 1 的沉积物中，最小值出现在样地 7 的沉积物中［图 3-3（b）］。

黄河三角洲潮间带沉积物中氮、磷不同组分含量存在一定差异。样地沉积物中总磷（TP）含量为 115.3～162.8 mg/kg，平均含量为 134.6 mg/kg。沉积物中 TP 的平均含量在样地 2 最高，而沉积物中 TP 平均含量在样地 5 最低［图 3-3（a）］。7 个样地沉积物中 AP 含量为 0.480～1.070 mg/kg（平均含量为 0.750 mg/kg）。样地 1 沉积物中 AP 平均含量最高，样地 3 的沉积物的 AP 平均含量最低［图 3-3（b）］。

滨海滩涂沉积物中 TN 和 TP 在黄河三角洲的河口区和非河口区分布有显著差异。其中，非河口潮间带的 TN 含量小于河口区 TN 含量，而 TP 含量则高于河口区 TP 含量［图 3-3（a）］，但其他营养成分上没有显著差异。

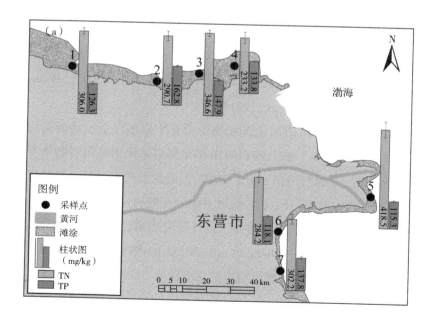

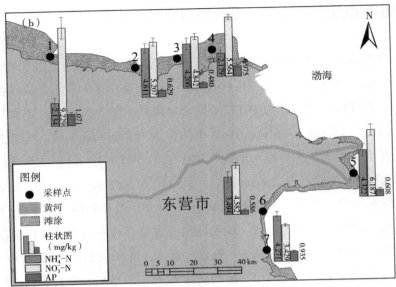

图 3-3　不同样地间沉积物中氮、磷不同组分的平均含量

滨海滩涂沉积物中氮、磷分布特征较为复杂。本研究中，黄河三角洲滨海滩涂沉积物中 TN 和 TP 的平均含量均低于我国浅海沉积物背景值（TN 为 620.0 mg/kg，TP 为 500.0 mg/kg）（Zhao et al., 1993），且本研究中氮、磷的含量低于黄河三角洲其他湿地沉积物中相应含量。在黄河三角洲滨海滩涂不同分布地点的沉积物中 TN、NH_4^+-N、NO_3^--N、TP 和 AP 含量均存在显著差异（图 3-3），这表明黄河三角洲滨海滩涂中营养盐的输送具有较高的空间异质性。此外，我国滨海滩涂沉积物中营养物质的分布在不同地区间存在差异（表 3-2），这些营养物质在湿地水质净化功能和生态平衡中发挥着不同的作用（Gao et al., 2016；Neumann et al., 2002；Weissteiner et al., 2013；Sun et al., 2012；Zhang et al., 2015a）。

在黄河三角洲的非河口滨海滩涂沉积物中营养物质的含量与黄河河口附近滨海滩涂中相应含量具有差别（表 3-2）。河口海岸和非河口海岸潮滩沉积物中氮、磷的来源可能不同（Zhou et al., 2007；Yin et al., 2017），由此呈现不同的分布特征（Liu et al., 2013）。此外，氮、磷在海岸带潮滩沉积物中的分布随时间的变化而变化。本研究中，黄河口滩涂沉积物中 TP 和 AP 含量均低于以往研究中黄河河口滩涂中相应含量（Gao et al., 2015；Sun et al., 2012；Zhang et al., 2015a）。然而，本研究中 TN 含量低于或高于以往研究中黄河河口滩涂沉积物中的 TN 含量（Gao et al., 2015；Zhang et al., 2015a）。本研究中氮、磷在空间上的分布具有高度的异质性，如河口滩涂与非河口滩涂的总氮、总磷差异显著。因此，利用河口滩涂沉积物中氮、磷的特征来推断附近的非河口滨海滩涂沉积物中相应特征应十分谨慎。

表 3-2　我国不同区域海滩涂湿地表层沉积物中营养物质的含量比较

单位：mg/kg

研究区域		TN	NH$_4^+$-N	NO$_3^-$-N	TP	AP	来源
	黄河三角洲	233.2~358.5	2.130~4.610	3.430~9.230	118.6~162.8	0.410~1.070	本研究
非河口区域	江苏省北部海岸带	300.0~560.0	—	—	590.0~1 150.0	—	Wang et al., 2016
	江苏省北部海岸带	—	—	—	594.8~887.9	—	Yin et al., 2017
	江苏省东南海岸带	210.0	—	—	—	—	Xu et al., 2017
河口区域	黄河口	418.5	4.322	6.187	115.3	0.608	本研究
	黄河口	608.0	—	—	716.0	—	Zhang et al., 2015a
	黄河口	120.0~340.0	—	—	585.8~633.5	2.660~4.900	Gao et al., 2016
	黄河口	—	—	—	692.0	—	Sun et al., 2012
	莱州湾宜洪河河口	213.0~317.0	—	—	336.0~393.0	—	Cao et al., 2015
	长江口	—	34.100~106.300	2.600~5.500	—	—	Hou et al., 2018
	钱塘江口	—	—	—	560.0~680.0	—	Shao et al., 2014
	闽江河口	—	—	—	338.0~930.0	—	Zhang et al., 2015b
	福建省晋江口	1 100.0~2 560.0	—	—	—	—	Guo et al., 2018

3.4 与低潮潮位线不同距离沉积物中氮、磷分布

沉积物中氮、磷各组分含量与低潮潮位线距离效应反映了从低潮潮位线向岸上不同距离的沉积物中相应含量的变化。结果表明，沉积物中氮和磷各组分含量的距离效应不显著。不同样地间 TN 空间分布在与低潮潮位线不同距离沉积物中的含量并不完全一致（图 3-4），在与低潮潮位线不同距离之间的含量差异不显著（表 3-1）。NH_4^+-N、NO_3^--N 也没有呈现相似的变化趋势，这说明不同采样点沉积物中氮组分的空间分布具有异质性。除样地 3 和样地 5 外，与低潮潮位线不同距离的沉积物 TP 含量［图 3-4（e）］和 AP 含量［图 3-4（d）］的空间分布相似，与低潮潮位线不同距离沉积物间 TP 和 AP 含量差异不显著（表 3-1）。

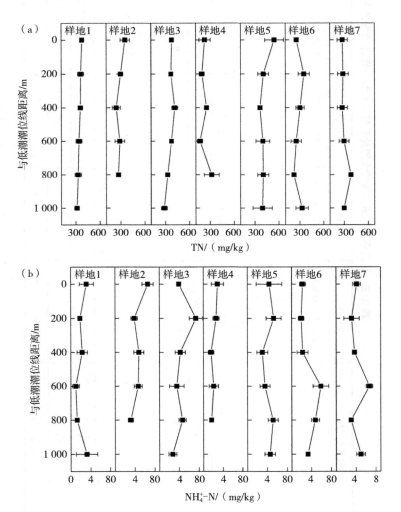

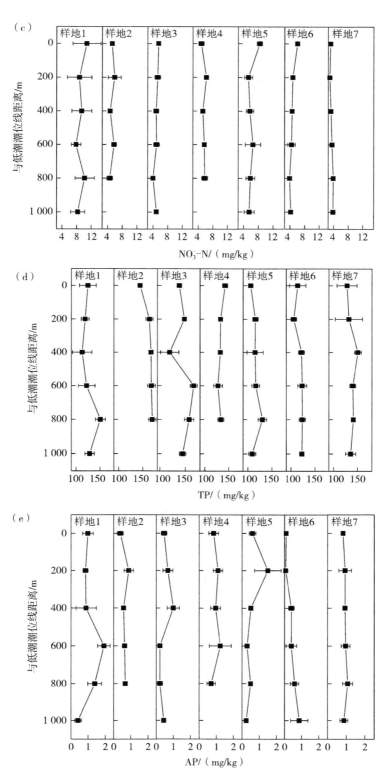

图 3-4　不同样地距离低潮潮位线不同距离的沉积物氮、磷组分含量

随着与低潮潮位线不同距离的沉积物中氮、磷的不同组分含量没有明显的差异，如 TN、NH_4^+-N、NO_3^--N、TP 和 AP（表 3-1）。这一发现与在中位潮滩中的观察结果较为相似（Zhang et al.，2015b）。再者，潮汐作用的距离效应与氮、磷的分布没有显著的相关性，但这一结果不能推断研究区以外滨海湿地氮、磷的分布特征。本研究中各样地间的样品均来自海拔高度和水文特征相似的低潮滩，这些特征会直接或间接影响沉积物中氮、磷的分布（Zhang et al.，2015b；Steinman et al.，2014）。此外，黄河三角洲滨海滩涂也常受到渔业、旅游等人类活动干扰，可能会改变滨海滩涂沉积物对氮、磷等营养盐的固存潜力。

3.5　氮、磷空间分布的影响因素分析

沉积物特征可能影响氮、磷不同组分的分布。从表 3-3 可以看出，部分氮、磷组分与沉积物特征高度相关，尤其是与沉积物的 pH 相关。不同组分的氮、磷含量与环境因素相关性分析表明，沉积物中 TN、NH_4^+-N 和 NO_3^--N 含量与沉积物的 pH 有显著负相关；NH_4^+-N 含量与黏土含量呈正相关，与壤土含量呈负相关；TP 含量与沉积物 pH 呈显著正相关，AP 含量与 TOC 含量呈显著正相关；植株密度仅与 TN 含量呈正相关。

表 3-3　不同形态氮、磷含量与沉积物环境因子的 Pearson 相关系数（n=120）

	NH_4^+-N	NO_3^--N	TN	AP	TP	黏土	壤土	砂土	pH	TOC
NO_3^--N	−0.147	1								
TN	−0.017	0.127	1							
AP	−0.094	0.124	−0.006	1						
TP	0.084	−0.118	−0.183*	−0.156	1					
黏土	0.272**	−0.037	0.093	0.085	0.026	1				
壤土	−0.236*	−0.008	−0.047	−0.022	0.105	−0.519**	1			
砂土	0.072	0.037	−0.014	−0.038	−0.141	−0.139	−0.774**	1		
pH	−0.206*	−0.210*	−0.276**	−0.217*	0.250**	−0.488**	0.441**	−0.151	1	
TOC	−0.043	0.134	−0.066	0.228*	−0.034	0.595**	−0.394**	0.017	−0.376**	1
植株密度	0.070	0.081	0.310**	0.010	−0.165	0.133	−0.166	0.094	−0.315**	0.139

注：* 表示 $P<0.05$；** 表示 $P<0.01$。

3.5.1　沉积物环境因子对氮、磷含量影响

沉积物环境因子对滨海滩涂氮、磷组分分布具有重要影响（Gao et al.，2015），沉积物 pH 是影响沉积物养分分布的重要因素之一（Yim et al.，2018；Xu et al.，2017），沉积物 pH 对不同养分的影响可能有所不同。本研究显示沉积物中 AP 含量与沉积物 pH 呈显著负相关，这与 Gao 等（2016）在黄河口短期泄洪湿地沉积物的研究结果一致（Gao et al.，2016；Adhami et al.，2013）。沉积物 pH 的变化会显著影响滨海湿地对磷的吸附和解吸，以及沉积物中 TN 的矿化和 NH_4^+-N 的固定过程。此外，沉积物中有机质含量会影响沉积物中氮、磷含量，因为有机质含量是影响沉积物中磷吸附和解吸过程的重要因素（Xu et al.，2017）。本研究中，沉积物 TOC 含量与 AP 含量呈显著正相关。

滩涂沉积物分布的空间变化对控制营养盐的含量、转化和再分配具有重要作用（Zhou et al.，2007）。黄河三角洲岸线呈锯齿状，是一个由多个花瓣状堆积叠加而成的复杂三角洲。在黄河三角洲不同地貌单元中具有不同的动力沉积环境，因此黄河三角洲不同地貌单元下的滨海滩涂沉积物具有不同粒径特征（Peng et al.，2010）；我们分析的滩涂沉积物中粒径数据也支持上述观点。沉积物粒径分布的变化会影响滨海滩涂湿地氮、磷的空间分布特征。虽然 Zhou 等（2007）研究表明沉积物中 TN 含量与黏土含量相关，但本研究中，黏土含量与 TN 含量无显著的相关性。

3.5.2　植被对沉积物氮、磷的影响

翅碱蓬是一种本土耐盐植物，可改良盐渍土，广泛分布于黄河三角洲滨海滩涂湿地，其单个种群形成了"红海滩"景观。氮、磷是翅碱蓬生长所必需的营养物质，可直接影响湿地生态系统的初级生产力（Neumann et al.，2002；Xu et al.，2016）。植物还会影响沉积物养分的浓度和分布，本研究中植株密度与沉积物中 TN 含量存在显著的相关性（表 3-3），但植株密度对沉积物中不同养分的影响不同，与 NO_3^--N、NH_4^+-N、TP 和 AP 含量不存在显著相关性。

滨海滩涂一年生植物密度可能不是沉积物中氮、磷分布的主要影响因素。多年生滨海滩涂植物，如红树林和柽柳等具有更为复杂的地下结构和更强壮的根茎，而一年生植物翅碱蓬植株高度相对较小，减缓潮汐作用对养分的输送和富集影响较弱，且翅碱蓬在一年中死亡后，其吸收的养分随植株又回到滩涂沉积物中，因此通过增加翅碱蓬个体密度来显著改变沉积物中的养分分布或许需要人为辅助措施得以实现。本研究中，虽然样点之间的植株密度存在显著差异，但由于只有一种植物翅碱蓬，因此植株

密度与营养的关系还有待进一步研究。此外，相较于植物群落的影响，滨海滩涂的海拔和水文条件对沉积物中养分分布的影响或许更大。

3.6 结 论

根据对黄河三角洲滨海滩涂湿地表层沉积物中氮、磷含量及空间分布特征研究表明：

（1）黄河三角洲滨海滩涂湿地表层沉积物中氮和磷组分具有明显的空间异质性。不同样地沉积物中 TN、NO_3^--N、NH_4^+-N、TP 和 AP 的含量空间分布具有较高的空间异质性。黄河河口和非河口区域的滨海滩涂中 TN 和 TP 含量的分布存在显著差异，TN 含量在黄河口高于非河口区滨海滩涂的含量，而 TP 含量在黄河口低于非河口区滨海滩涂的含量。然而，与滨海滩涂低潮线不同距离的沉积物中 TN、NO_3^--N、NH_4^+-N、TP 含量没有明显的空间差异。

（2）表层沉积物中 TN、NH_4^+-N、NO_3^--N、TP 和 AP 的平均含量分别为 311.62 mg/kg、3.60 mg/kg、5.58 mg/kg、134.57 mg/kg 和 0.75 mg/kg。研究区 TN 和 TP 的平均含量均低于我国浅海沉积物背景值（TN 为 620 mg/kg，TP 为 500 mg/kg）。

（3）沉积物 pH（8.52 ~ 8.91）是影响黄河三角洲滨海滩涂沉积物中氮、磷组分的重要因素。植株密度对沉积物中营养物质的分布具有一定的影响，植株密度与 TN 显著相关，但不是主要的影响因素。沉积物粒径对氮和磷分布影响不显著。

基于研究结果，著者认为今后有关黄河三角洲滨海滩涂湿地表层沉积物中除了重点监测营养盐含量以防止富营养化问题外，应重视对黄河三角洲滨海滩涂湿地的重要生态价值的评估与利用，特别是科学评估黄河三角洲滨海滩涂水质净化功能及潜力，以缓解由黄河三角洲的河流携带大量的生活污水、工农业废水等直接进入渤海的污染压力，降低渤海发生赤潮的风险，实现黄河三角洲滨海滩涂湿地保护与科学利用。

此外，滩涂湿地沉积物中微生物群落具有较高的水质净化能力，本研究中未分析沉积物中微生物和藻类对氮、磷等营养盐的生态效应，因此，定量确定潮间带表层沉积物氮、磷的分布，除了关注植物群落，藻类和土壤微生物也是值得关注的对象，特别是植物根际微生物对沉积物中氮、磷的影响是今后值得深入开展研究的内容。

第 4 章　黄河三角洲滨海滩涂沉积物重（类）金属空间分布及污染状况

重金属对人类健康和生态环境具有显著的生物毒性和持久性威胁，将会改变滨海滩涂湿地生态系统的物质生产、营养元素循环等关键生态过程。湿地沉积物作为重金属污染物的主要载体和宿体，其重金属含量可显示水环境的污染状况。本研究沿黄河三角洲海岸线分布，于渤海湾、黄河口、莱州湾不同地貌单元的滨海滩涂湿地开展野外调查，以期全面了解黄河三角洲滨海滩涂沉积物中重金属空间分布特征及污染状况，为黄河三角洲滨海滩涂湿地污染治理及生态保护提供基础支撑。

4.1　研究方法

野外采样方法与本书第 3.1.1 节相同。采用 $HCl-HNO_3-HF-HClO_4$ 消解，石墨炉原子吸收分光光度法测定沉积物中 Pb 和 Cd 含量，火焰原子吸收分光光度法测定沉积物中 Cu 含量，二乙基二硫代氨基甲酸银分光光度法测定沉积物中 As 含量。Pb、Cd、Cu、As 的标准物质为 GBW07423 洪泽湖积物（GSS-9），标样回收率分别为 89%±4%、90%±4%、89%±4%、86%±4%。取过 2 mm 筛的沉积物，土水比为 1：2.5 下悬浮 30 min，用 pH 计测定 pH。

采用双因素方差分析法（Two-way ANOVA）分析样地间、与低潮潮位线不同距离间以及二者间相互作用对沉积物中重金属含量的影响。对差异显著的主要影响因素采用单因素方差分析（ANOVA）后，采用 Fisher's Protected LSD 检验各处理间的显著性差异（$P<0.05$）。采用 Pearson 相关分析重金属含量的自相关性，以及重金属含量与沉积物理化性质、植株密度间的相关性。

4.2　沉积物中重金属含量

黄河三角洲滨海滩涂湿地沉积物中重（类）金属的平均含量见表 4-1。各重（类）

金属含量范围分别是：Cu 含量为 11.49～16.74 mg/kg，As 含量为 6.34～10.66 mg/kg，Cd 含量为 0.10～0.30 mg/kg，Pb 含量为 13.57～19.04 mg/kg。工业和城市活动增加了海洋环境中的重金属含量，进而直接影响海岸生态系统（Rahman et al.，2012），这或许是本研究结果低于天津滨海湿地中重金属含量（表 4-1）的影响因素之一。与莱州湾海域相比，渤海湾对滨海滩涂湿地的环境压力不同（朱爱美等，2019），这是影响本研究中重金属含量高于莱州湾滨海滩涂湿地沉积物中相应数值（表 4-1）的潜在因素。此外，除承受当地人类活动和海洋的双重压力外，黄河三角洲还要承接流域沿线各城市沿黄河传导的人类活动压力。这与长江口滨海滩涂湿地所承受的压力相似，但是该研究中 Cu、Cd 和 Pb 含量均低于长江口滩涂湿地沉积物中相应数值（Li et al.，2018；Hu et al.，2013），或许与近年来长江经济带的快速发展有关。

表 4-1　莱州湾、渤海湾及其滨海湿地表层沉积物重（类）金属平均含量比较

研究区域	采样年份	含量 /（mg/kg）				数据来源
		Cu	Cd	Pb	As	
黄河三角洲滨海滩涂	2017	14.36	0.20	16.24	7.92	本研究
天津滨海湿地	2008	38.50	0.22	34.70	—	Gao et al.，2012
黄河三角洲北部滨海滩涂	2005	17.76	0.29	19.12	—	Liu et al.，2014
黄河口附近滨海滩涂	2013	21.80	0.20	22.70	7.10	Yao et al.，2016
莱州湾滨海滩涂湿地	2013	10.99	0.19	13.37	7.10	Zhang et al.，2015
渤海湾海域	2007	28.02	0.25	24.34	11.81	朱爱美等，2019
莱州湾海域	2007	18.59	0.13	20.74	11.47	朱爱美等，2019

通过双因素方差分析可知，黄河三角洲滨海滩涂湿地不同样地间沉积物中 Cu、Cd 和 As 的含量均差异显著，但 Pb 含量差异不显著（表 4-2）。由于黄河三角洲海岸地貌凹凸相间较为复杂，其不同的地貌单元具有不同的动力沉积环境（彭俊等，2010；胥维坤等，2016），这对重金属沉积会有一定影响。与低潮潮位线不同距离的沉积物中 Cu、Cd、Pb 和 As 的含量均无显著差异，且不同样地与距低潮潮位线不同距离对 4 种重（类）金属含量影响无交互作用。这表明在距低潮潮位线 1 000～1 200 m 的范围内，潮汐过程或许不是影响该滨海滩涂湿地沉积物中重金属分布的因素，且不同样地间潮汐作用相似。

表 4-2　双因素方差分析（F 值）样地间、与低潮潮位线不同距离间及二者交互作用对黄河三角洲滨海滩涂湿地表层沉积物中重（类）金属含量的影响

差异来源	F 值				
	$d.f.$	Cu	Cd	Pb	As
样地	6	2.797[*]	5.460[***]	2.027	5.421[***]
与低潮潮位线距离	5	0.287	0.543	0.346	0.278
样地 × 与低潮潮位线距离	28	0.741	0.451	0.584	0.709

注：$d.f.$ 为自由度；* 表示 $P<0.05$；*** 表示 $P<0.001$。

4.3　沉积物中重金属空间分布特征

黄河三角洲滨海滩涂湿地沉积物中不同重（类）金属含量具有不同的空间分布特征，如图 4-1 所示。黄河口附近样地 5 沉积物中 Cu 含量略高于渤海湾及莱州湾样地 [图 4-1（a）]。沉积物中 Cd 含量呈现南高北低的空间分布特征，黄河口附近样地 5 及莱州湾样地 6 和样地 7 沉积物中 Cd 含量高于渤海湾样地 1～4 [图 4-1（b）]。沉积物中 Pb 含量呈现渤海湾西侧和黄河口附近样地较低的分布特征，即样地 4 和样地 7 中 Pb 含量较高，而样地 1、样地 3、样地 5 中 Pb 含量较低 [图 4-1（c）]。沉积物中 As 含量的空间分布与 Cd 含量相反，呈现渤海湾东侧样地偏高的分布趋势，即样地 2、样地 3 和样地 4 中 Cd 含量较高 [图 4-1（d）]。

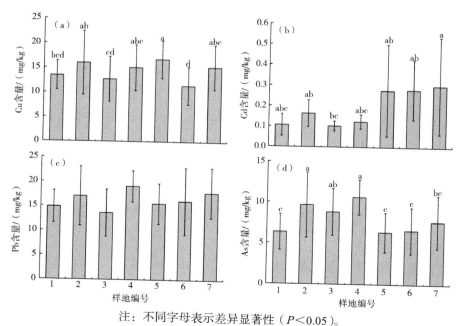

注：不同字母表示差异显著性（$P<0.05$）。

图 4-1　不同样地间 4 种重（类）金属的平均含量

4.4 沉积物中重金属含量与环境因子的关系

相关性分析显示，Cu 含量与 As、Cd、Pb 含量均具有显著正相关，As 与 Cu、Pb 含量呈显著正相关，而 Cd 含量与 As 含量显著负相关（表 4-3）。相关性分析结果可用于判断重金属污染来源是否相同，相关性显著的重金属具有相同来源（陈明等，2019；李富等，2019），结果显示 Cu、As、Pb 来源相同或相近，Cd 与 Cu 来源相同或相近，而与 As 的来源不同。

表 4-3　沉积物中 4 种重（类）金属含量与沉积物环境因子的 Pearson 相关系数

环境因子	沉积物中重（类）金属含量			
	Cu	As	Cd	Pb
As 含量	0.295[**]	1		
Cd 含量	0.251[**]	−0.283[**]	1	
Pb 含量	0.440[**]	0.730[**]	−0.046	1
黏土含量	0.561[**]	0.425[**]	−0.016	0.312[**]
壤土含量	−0.196[*]	−0.207[*]	0.042	−0.069
砂土含量	−0.019	−0.080	0.148	0.044
pH	−0.455[**]	0.129	−0.161	−0.001
TOC 含量	0.406[**]	0.400[**]	−0.164	0.272[**]
TN 含量	0.011	−0.294[**]	0.048	−0.194[*]
TP 含量	0.022	0.356[**]	−0.212[*]	0.085
植株密度	0.045	0.114	−0.126	0.05

注：* 表示 $P < 0.05$；** 表示 $P < 0.01$。

相关性分析表明，黏土（<4 μm）含量与 Cu、Pb、As 含量均显著正相关，表明粒径<4 μm 的黏土对 Cu、Pb、As 的吸附效果更强，而壤土（4～63 μm）含量则与 Cu、As 含量显著负相关，表明沉积物中壤土含量增加，则 Cu、As 含量会有所减少，而砂土（>63 μm）含量与各重金属含量无显著相关性（表 4-3）。沉积物粒径大小及其组分可以影响潮间带重金属含量，因为粒径小的沉积物具有更大的比表面积利于吸附（Zhang et al.，2015）。

环境因素是影响重金属沉积的重要因素之一（Zhang et al.，2015）。相关性分析表明，不同重金属与沉积物 pH、TOC 含量、TN 含量、TP 含量的相关性不同（表 4-3）。Cu 含量与 TOC 含量呈显著正相关，表明沉积物中 TOC 含量增加则会增强沉积物对 Cu 的吸附；而 Cu 含量与沉积物 pH 呈显著负相关（表 4-3），与天津滨海土壤的研究

结果相同 (Zhu et al., 2017), 也有研究表明, 马来西亚巴生河口滨海滩涂湿地中 Cu 含量与沉积物 pH 呈负相关但不显著 (Elturk et al., 2019), 这与实验条件下沉积物 pH 升高会增加沉积物对 Cu 的吸附有所不同 (郭媛媛等, 2008), 在自然环境中是否有其他环境因素影响了不同 pH 沉积物对 Cu 的吸附值得深入思考。As、Pb 含量均与沉积物中 TOC 含量呈显著正相关, 与 TN 含量呈显著负相关, As 含量还与沉积物中 TP 含量呈显著正相关, 这表明沉积物中有机质含量越高则 As 和 Pb 含量也越高, 而沉积物中 TN 含量越高则 As 和 Pb 的含量会降低。Cd 含量与沉积物中的 TP 含量呈显著负相关, 这表明沉积物中 TP 含量越高则 Cd 含量越低。翅碱蓬为研究区域中的单一植物群落, 其密度与 Cu、As、Cd、Pb 含量无显著相关性, 表明植株密度对滩涂沉积物中重金属含量影响不大。

4.5　沉积物中重金属污染水平

本研究选取地积累指数法 (I_{geo}) 分析黄河三角洲滨海滩涂湿地沉积物中重金属的污染水平, 地积累指数法是依据沉积物中重金属的背景值定量分析其污染程度的方法 (Li et al., 2018; Han et al., 2017), 计算公式如下:

$$I_{geo} = \log_2 \frac{C^i}{1.5 \times C_b^i} \tag{1}$$

式中, C^i 为样本中重金属 i 含量的测定值; C_b^i 为重金属 i 的背景值。本研究中分别为山东省土壤元素背景值 (Cu、Cd、Pb、As 分别为 24.0 mg/kg、0.084 mg/kg、25.8 mg/kg、9.3 mg/kg) 和我国浅海沉积物元素背景值 (Cu、Cd、Pb、As 分别为 15.0 mg/kg、0.065 mg/kg、20.0 mg/kg、7.7 mg/kg); 修正系数 1.5 用来消除沉积或成岩作用引起的背景值变动的误差。地积累指数法评价分级见表 4-4。

表 4-4　地积累指数法评价分级描述

I_{geo} 分级	描述
$I_{geo} \leq 0$	无污染
$0 < I_{geo} \leq 1$	轻度污染
$1 < I_{geo} \leq 2$	偏中度污染
$2 < I_{geo} \leq 3$	中度污染
$3 < I_{geo} \leq 4$	偏重度污染
$4 < I_{geo} \leq 5$	重度污染
$5 < I_{geo}$	严重污染

　　根据地积累指数法分析，不同样地间 I_{geo} 的平均值排序为 Cd＞As＞Cu＞Pb，且相较于山东省土壤元素背景值而言，依据我国浅海沉积物元素背景值分析的各重（类）金属污染水平更高（图 4-2）。依据我国浅海沉积物元素背景值，Cd 的 I_{geo} 平均值为 0.664，属于轻度污染，位于渤海湾的样地 1～样地 4 属于轻度污染和无污染，而位于黄河口附近的样地 5 属于偏中度污染，位于莱州湾的样地 6 和样地 7 属于偏中度污染［图 4-2（b）］。As 的 I_{geo} 平均值为 -0.710，属于无污染，位于渤海湾的样地 2～样地 4 中有少量采样点处于轻度污染，其他样地均处于无污染但接近轻度污染的临界值［图 4-2（b）］。Cu 和 Pb 的 I_{geo} 平均值分别为 -0.722、-0.975，各样地均属于无污染但接近轻度污染临界值［图 4-2（b）］，其中 Cu 在样地 2 中有少量采样点处于轻度污染。

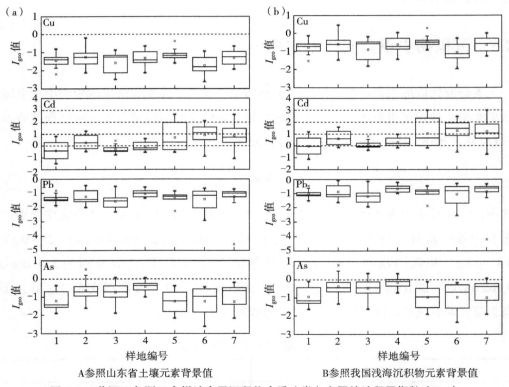

A参照山东省土壤元素背景值　　　　　　　　　B参照我国浅海沉积物元素背景值

图 4-2　黄河三角洲 7 个样地表层沉积物中重（类）金属的地积累指数（I_{geo}）

4.6　结　论

　　为了解黄河三角洲滨海滩涂湿地沉积物中重金属的污染程度，对黄河三角洲位于渤海湾、黄河口附近、莱州湾等滨海滩涂样地的表层沉积物中 4 种重（类）金属

（Cd、As、Cu、Pb）的含量及其空间分布进行研究，分析其含量与环境因子的相关性，并采用地积累指数评价其污染程度，研究显示：

（1）黄河三角洲滨海滩涂湿地沉积物中 Cu、As、Cd、Pb 的平均含量分别为 14.36 mg/kg、7.92 mg/kg、0.20 mg/kg、16.24 mg/kg。不同样地间 Cu、Cd、As 含量均差异显著，但 Pb 含量差异不显著；在距低潮潮位线 1 000～1 200 m 范围内，与低潮潮位线不同距离间 4 种重（类）金属含量均无显著差异，且不同样地间、与低潮潮位线不同距离间对重金属含量影响无交互作用。

（2）黄河三角洲滨海滩涂湿地沉积物中 4 种重（类）金属空间分布特征不同。黄河口附近滨海滩涂中 Cu 含量高于非河口滨海滩涂，Cd 含量呈现出南高北低的空间分布特征，Pb 含量在黄河口附近及位于黄河三角洲渤海湾西侧的滨海滩涂中较低，As 含量在黄河三角洲渤海湾东侧的滨海滩涂中较高。

（3）相关性分析表明，Cu、Pb、As 来源相同或相近，Cd 与 Cu 来源相同或相近，而 Cd 与 As 来源不同。黏土（<4 μm）含量与 Cu、Pb、As 含量均呈显著正相关，而壤土（4～63 μm）含量与 Cu、As 含量均呈显著负相关。沉积物中 pH、TOC 含量、TN 含量、TP 含量是影响重金属沉积的因素，而砂土（>63 μm）含量、翅碱蓬植株密度对重金属沉积无影响。

（4）黄河三角洲滨海滩涂沉积物中 Cd、As、Cu、Pb 的 I_{geo} 平均值分别为 0.664、−0.710、−0.722、−0.975，Cd 属于轻度污染，As、Cu、Pb 属于无污染水平。

第 5 章　黄河三角洲滨海滩涂沉积物多环芳烃空间分布及污染状况

多环芳烃（PAHs）属于持久性有机污染物，被多个国家列为优先控制污染物。由于其疏水性，沉积物成为多环芳烃在水生环境中的天然储存库，在世界范围内沉积物中多环芳烃的分布及其污染状况受到广泛关注。从 20 世纪 70 年代起，黄河三角洲成为胜利油田的重要开采区，是中国重要的石油工业基地。石油开发增加了多环芳烃排放到环境中的风险，同时受海洋和陆地的双重影响，不同来源的多环芳烃更易累积于滨海滩涂沉积物中，威胁着黄河三角洲滨海滩涂湿地生态系统健康。

本研究对黄河三角洲位于渤海湾、黄河口和莱州湾的不同地貌单元内的滨海滩涂沉积物中多环芳烃污染状况进行调查分析，野外采样方案详见第 3 章。采用《土壤和沉积物　多环芳烃的测定　高效液相色谱法》（HJ 784—2016），分析 16 种优先控制的 PAHs，分别为萘（Nap）、苊烯（Acpy）、苊（Ace）、芴（Flu）、菲（Phe）、蒽（Ant）、荧蒽（Fla）、芘（Pyr）、苯并 [a] 蒽（BaA）、䓛（Chr）、苯并 [b] 荧蒽（BbF）、苯并 [k] 荧蒽（BkF）、苯并 [a] 芘（BaP）、茚并 [1,2,3-cd] 芘（IcdP）、二苯并 [a,h] 蒽（DahA）、苯并 [g,h,i] 苝（BghiP）。采用双因素方差分析法（Two-way ANOVA）分析样地间、与低潮潮位线不同距离间，以及二者间相互作用对沉积物中 PAHs 含量的影响。对差异显著的主要影响因素采用单因素方差分析（ANOVA），再用 Fisher's Protected LSD 检验各处理间的显著性差异（$P<0.05$），以探讨黄河三角洲滨海滩涂湿地沉积物中多环芳烃的含量及其空间分布特征，分析多环芳烃污染来源，为黄河三角洲滨海滩涂湿地的污染治理及生态保护提供科学支撑。

5.1　沉积物中 PAHs 含量与空间分布

黄河三角洲滨海滩涂湿地 7 个样地的表层沉积物中 ΣPAH_{16} 含量范围为 115～575 ng/g，均值为 415 ng/g。黄河口附近样地 5 的表层沉积物中 ΣPAH_{16} 含量均值为 115 ng/g，低于黄河三角洲北部位于渤海湾的样地 1～样地 4 及其南部位于莱州湾的样地 6、样地 7 的含量（图 5-1）。黄河三角洲滨海滩涂湿地沉积物中 ΣPAH_{16} 的含量与环渤海滨海地区相比，低于海河河口沉积物（2 657 ng/g）（卢晓霞等，2012）和秦皇岛滨海湿地表层沉积物中 ΣPAH_{16} 含量均值（1 368 ng/g）（Lin et al.，2018），而高于紧邻渤海海峡的黄海北部海区沉积物中 ΣPAH_{16} 的含量均值（35 ng/g）（刘强等，2020）。这表明黄河三角洲滨海滩涂湿地承受着来自海洋传导的环渤海地区 PAHs 污染压力，且通过渤海向黄海滨海湿地继续传导。本研究沉积物中 ΣPAH_{16} 含量均值高于或接近黄河三角洲陆地表层土壤中 ΣPAH_{16} 含量均值 [（118±132）ng/g；432 ng/g]（Yuan et al.，2014；袁红明等，2011）。这或许表明黄河三角洲滨海滩涂湿地沉积物中 PAHs 来自黄河三角洲内陆的压力相对较小。

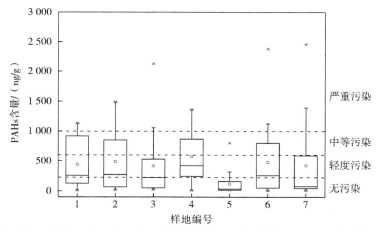

注：箱形图中从上到下 * 代表最大值和最小值，从上到下横线代表 95% 分位数、75% 分位数、中位数、25% 分位数和 5% 分位数，中间空心点代表平均值。

图 5-1　黄河三角洲滨海滩涂湿地不同样地的表层沉积物中 16 种多环芳烃含量

通过双因素方差分析，7 个样地间表层沉积物中 ΣPAH_{16} 的含量差异不显著，与低潮潮位线不同距离的沉积物中 ΣPAH_{16} 的含量差异也不显著，且样地间、与低潮潮位线不同距离间对沉积物中 ΣPAH_{16} 含量的影响无交互作用（表 5-1）。尽管黄河三角洲海岸地貌凹凸相间较为复杂，不同的地貌单元具有不同的动力沉积环境（彭俊等，2010；胥维坤等，2016），但是并没有影响 PAHs 在不同地貌单元下滨海滩涂沉积物中的分布。黄河三角洲滨海滩涂湿地，从低潮潮位线向岸上 1 km 的范围内，潮汐作用对与低潮潮位线不同距离沉积物中 PAHs 含量影响差异不大，且样地间的潮汐作用对沉积物中 PAHs 含量影响差异也不大。

表 5-1 双因素方差分析样地间、与低潮潮位线不同距离间及二者交互作用对 16 种多环芳烃含量的影响

差异来源	$d.f.$	Nap	Ace	Flu	Acpy	Phe	Ant	Fla	Pyr	Chr	BaA	BbF	BkF	BaP	DahA	BghiP	IcdP	ΣPAH_{16}
SS	6	0.915	0.812	3.674**	3.778**	2.127	1.222	1.361	1.077	2.205	0.442	1.694	1.018	2.321*	1.191	1.584	5.316***	1.495
DLT	6	0.776	1.273	1.019	0.638	0.960	0.891	0.628	0.357	1.013	1.020	1.294	1.049	0.759	0.949	0.635	1.367	1.140
SS×DLT	28	0.970	0.737	1.205	0.775	0.910	1.065	0.908	1.065	0.776	1.118	1.108	1.071	1.259	0.928	1.155	2.025**	1.337

注：SS 为不同样地；DLT 为距低潮潮位线不同距离；$d.f.$ 为自由度；没有标号表示没有显著差异；* 表示 $P < 0.05$；** 表示 $P < 0.01$；*** 表示 $P < 0.001$。

各单体 PAHs 中（表 5-2），BghiP 的检出率最高，在所有采样点中均有检出，Nap 的检出率次之，Fla 的检出率最低；Nap 含量均值最高，Acpy 含量均值次之，Fla 含量均值最低。这表明黄河三角洲滨海滩涂湿地表层沉积物中 16 种 PAHs 中 Nap 为主要单体。双因素方差分析，不同样地间表层沉积物中 Flu、Acpy、BaP 和 IcdP 的含量分别具有显著差异，其他 12 种 PAHs 的含量在不同样地间差异均不显著，与低潮潮位线不同距离的表层沉积物中各单体 PAHs 的含量差异均不显著（表 5-1）。单因素方差分析，黄河三角洲滨海滩涂湿地样地 4 的表层沉积物中 Flu、BaP 和 IcdP 含量均显著高于其他样地，而黄河口附近样地 5 沉积物中 Flu、Acpy、BaP 和 IcdP 含量均处于较低水平（图 5-2）。不同样地间、与低潮潮位线不同距离间对 IcdP 含量的影响具有交互作用，可见表 5-1。

表 5-2　表层沉积物中各单体 PAHs 含量的描述统计

多环芳烃	含量 /（ng/g）	平均值 /（ng/g）	检出率 /%
Nap	0～798.02	152.63	95.04
Ace	0～185.35	19.92	33.06
Flu	0～140.47	9.62	27.27
Acpy	0～950.88	56.27	21.49
Phe	0～356.46	9.30	31.40
Ant	0～1 299.38	36.23	19.83
Fla	0～234.18	4.55	11.57
Pyr	0～138.63	5.19	23.97
Chr	0～440.53	14.57	28.10
BaA	0～360.42	10.90	26.45
BbF	0～223.79	16.15	61.98
BkF	0～1 103.45	22.54	54.55
BaP	0～311.69	12.11	50.41
DahA	0～319.62	11.03	61.16
BghiP	1.72～621.36	26.11	100.00
IcdP	0～192.76	7.92	29.75

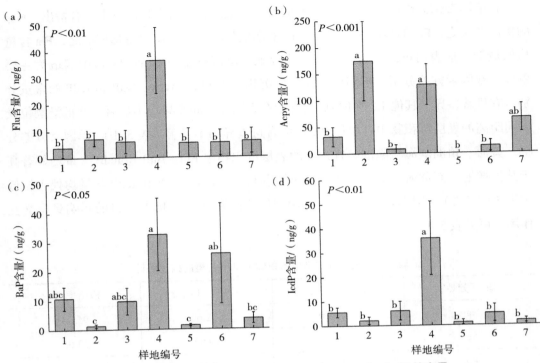

图 5-2　不同样地的表层沉积物中 Flu、Acpy、BaP、IcdP 的含量

根据 PAHs 污染程度的 4 个水平，即无污染（≤200 ng/g），轻度污染（>200～600 ng/g），中等污染（>600～1 000 ng/g），严重污染（>1 000 ng/g）（Maliszewska-Kordybach，1996），比较沉积物中 PAHs 含量，黄河口附近样地 5 表层沉积物中 PAHs 平均含量为无污染，而黄河三角洲滨海滩涂湿地其他样地表层沉积物中 PAHs 属于轻度污染，并且黄河三角洲南部位于莱州湾和位于北部渤海湾的滨海滩涂湿地的样地均有少量采样点的沉积物中 PAHs 处于高污染水平，可见图 5-1。

5.2　沉积物中 PAHs 组成分析

对表层沉积物中不同环数的 PAHs 比例进行分析（图 5-3），黄河三角洲滨海滩涂湿地不同样地间 PAHs 组成均以 2～3 环为主，这与黄河三角洲天然河流水体中 PAHs 组成相似（高晓奇等，2017）。一般而言，低分子量的 PAHs 对生物具有急性毒性，随着苯环数目的增多，PAHs 的脂溶性增加，高分子量 PAHs 潜在的遗传毒性和致癌性增强（Sun et al.，2013）。

　　黄河三角洲滨海滩涂湿地不同样地间沉积物中不同环数的 PAHs 含量比例存在差异（图 5-3），黄河口附近样地 5 中 2 环 PAHs 含量百分比最高，而 3 环 PAHs 含量百分比次之，4 环 PAHs 在黄河口附近样地 5 中的百分比最低，而位于黄河三角洲北部的样地 3 中 4 环 PAHs 百分比占所有样地中最高；5～6 环的 PAHs 在黄河三角洲北部的样地 1 沉积物中百分比最高，而在样地 2 沉积物中的百分比最低。根据双因素方差分析可知，不同样地间表层沉积物中 2 环、3 环、4 环、5 环和 6 环的 PAHs 含量差异并不显著，且与低潮潮位线不同距离间对不同环数的 PAHs 影响也不显著，不同样地间、与低潮潮位线不同距离间不存在交互作用（表 5-3）。

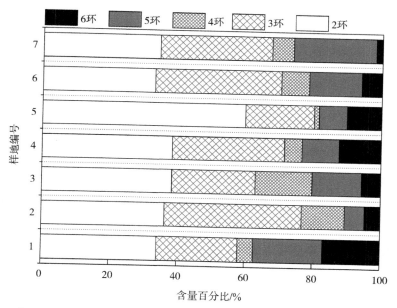

图 5-3　黄河三角洲滨海滩涂湿地不同样地表层沉积物中不同环数的 PAHs 含量百分比

表 5-3　双因素方差分析（F 值）样地间、与低潮潮位线不同距离间及二者交互作用对 2～6 环的 PAHs 含量的影响

差异来源	d.f.	2 环 PAHs	3 环 PAHs	4 环 PAHs	5 环 PAHs	6 环 PAHs
SS	6	0.915	1.33	1.294	1.104	2.158
DLT	6	0.776	1.491	1.251	0.971	0.717
SS × DLT	28	0.97	1.255	0.946	1.1	1.513

　　注：SS 为不同样地；DLT 为距低潮潮位线不同距离；d.f. 为自由度。

5.3　沉积物中 PAHs 来源解析

特征比值法。特征比值法是 PAHs 源解析常用方法，其原理是根据互为同分异构体的 PAHs 浓度比值来判断主要来源，多用于定性分析（Qi et al.，2019）。本研究选取 Fla/（Fla+Pyr）、Ant/（Ant+Phe）、IcdP/（IcdP+BghiP）、BaA/（BaA+Chr）、Fla/Pyr 等常用的特征比值来分析黄河三角洲滨海滩涂湿地表层沉积物中 PAHs 的可能来源（图 5-4）。根据 Fla/（Fla+Pyr）与 Ant/（Ant+Phe）的比值（Qi et al.，2019；Tarafdar et al.，2019）分析可知，样地 6 沉积物中 PAHs 主要来源为生物质和煤燃烧，样地 2 沉积物中 PAHs 主要来源为石油燃烧，而其他样地沉积物中 PAHs 来源以石油为主［图 5-4（a）］。根据 IcdP/（IcdP+BghiP）与 BaA/（BaA+Chr）的比值（Tarafdar et al.，2019）分析可知，样地 6 沉积物中 PAHs 主要来源为石油燃烧，样地 2 沉积物中 PAHs 主要来源为生物质燃烧、煤燃烧和石油，样地 4 沉积物中 PAHs 主要来源为生物质和煤燃烧，样地 3 沉积物中 PAHs 的主要来源为石油燃烧与石油的混合［图 5-4（b）］。根据 BaA/（BaA+Chr）与 Fla/（Fla+Pyr）的比值（Li et al.，2019；Liang et al.，2019）分析可知，样地 6 沉积物中 PAHs 以生物质和煤燃烧污染源为主，样地 2 沉积物中 PAHs 主要来源为石油燃烧，样地 3 沉积物中 PAHs 主要来源为石油污染和混合来源，其他样地沉积物中 PAHs 主要来源为石油污染［图 5-4（c）］。根据 Ant/（Ant+Phe）与 Fla/Pyr 的比值（Li et al.，2019）分析可知，样地 6 沉积物中 PAHs 主要来源为生物质和煤燃烧，其他样地沉积物中 PAHs 主要来源为石油污染［图 5-4（d）］。

综合分析黄河三角洲滨海滩涂湿地不同样地沉积物中 PAHs 的污染来源存在差异。黄河三角洲南部位于莱州湾的样地 6 的沉积物中 PAHs 主要来源为生物质和煤燃烧。与其他样地相比，样地 6 距离山东东营市区较近，居民生活取暖方式或许增加了样地 6 沉积物中 PAHs 含量。黄河三角洲北部位于渤海湾的样地 2 的沉积物中 PAHs 的来源更为多样，包括石油燃烧源、石油源和生物质和煤燃烧源，或许受到周边工业生产、石油开采和居民生活的多重影响；而其他样地沉积物中 PAHs 主要来源均为石油污染，这与滩涂上进行的石油开采作业或许有关。

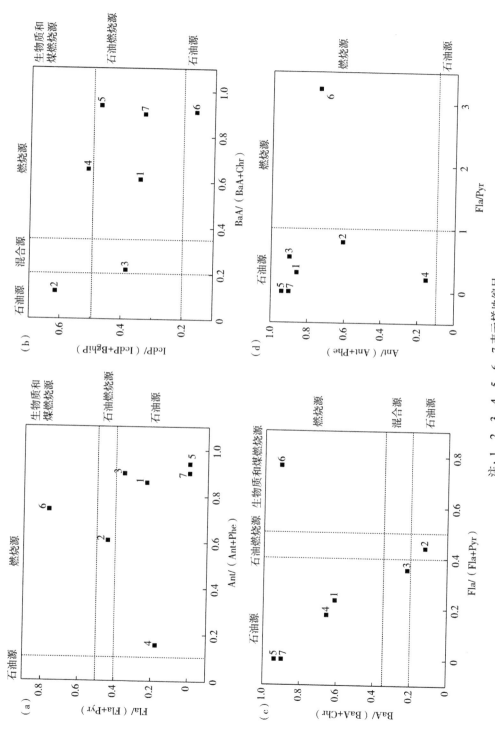

注：1、2、3、4、5、6、7 表示样地编号。

图 5-4　不同样地表层沉积物中 PAHs 来源诊断图

5.4 结 论

对黄河三角洲滨海滩涂表层沉积物中 PAHs 的含量、来源及污染状况的研究显示：

（1）黄河三角洲滨海滩涂湿地表层沉积物中 16 种 PAHs 含量均值为 415 ng/g，含量范围为 115～575 ng/g。黄河口附近样地低于黄河三角洲北部和南部滨海滩涂湿地表层沉积物中 PAHs 含量均值，但是样地间及与低潮潮位线不同距离间表层沉积物中 ΣPAH_{16} 含量差异均不显著。黄河口附近滨海滩涂表层沉积物中 PAHs 含量均值处于无污染水平，而位于莱州湾和渤海湾滨海滩涂表层沉积物中 PAHs 含量均值处于轻度污染水平。

（2）不同样地表层沉积物中各单体 PAHs 中，BghiP 的检出率最高为 100%，而 Fla 的检出率最低为 11.57%；Nap 含量均值最高为 152.63 ng/g，而 Fla 含量均值最低为 4.55 ng/g。不同样地表层沉积物中 PAHs 均以 2～3 环为主。

（3）不同样地表层沉积物中 PAHs 的污染来源不同。根据特征比值法分析，黄河三角洲南部位于莱州湾的滨海滩涂样地 6 表层沉积物中 PAHs 污染来源以生物质和煤燃烧为主，北部位于渤海湾的滨海滩涂样地 2 表层沉积物中 PAHs 污染来源包括石油燃烧源、石油源和生物质和煤燃烧源等，其他样地表层沉积物中 PAHs 污染来源以石油污染为主。

第6章　黄河三角洲滨海滩涂潮沟水中氮、磷和重（类）金属空间分布及污染状况

潮沟是自然状态的淤泥质滩涂最为显著的一级地貌单元，是滩涂内外水体交换的重要通道（葛宝明等，2005；周曾等，2021），影响滩涂植被分布（刘露雨等，2020；武亚楠等，2020），对滩涂生物多样性维持，特别对鸟类多样性具有重要影响（张佰莲等，2010；侯森林等，2013）。鸟类对滩涂湿地环境变化极为敏感，因此滩涂湿地水环境直接关系到水鸟的繁殖和生存（朱明畅等，2015）。

近年来，黄河三角洲随着石油工业和农业等的迅速发展，增加了营养元素、重金属元素等从陆源输入近岸海域的压力（Miao et al，2020；韩美等，2021；朱纹君等，2021）。同时，随着滩涂养殖业、港口航运业等海上产业的发展，这些产业更是直接威胁着近岸海域生态环境（曲良，2020）。调查黄河三角洲滩涂潮沟水中氮、磷及重金属污染状况，利于全面了解黄河三角洲滨海滩涂环境质量，支撑黄河三角洲的生物多样性保护和污染防控政策制定，特别是鸟类生存繁殖环境的污染防控措施制定。

6.1　研究方法

沿黄河三角洲海岸线从滨州市徒骇河河口以西至东营市支脉沟口以北共选取7个滩涂样地（见第3章），于2017年9月采集潮沟水样。每个样地均选取距低潮潮位线800～1 000 m附近的一条潮沟，沟宽约5 m，每条潮沟均选取3个采样点，且间距至少200 m，共采集水样27个。

现场测定潮沟水的基本理化性质，采用意大利哈纳HI98195测试仪测定水的pH、氧化还原电位（ORP）、总溶解性固体物质（TDS）、水温等。水体中总氮（TN）采用碱性过硫酸钾消解紫外分光光度法；铵态氮（NH_4^+-N）测定，采用纳氏试剂分光光度法；硝态氮（NO_3^--N）测定，采用紫外分光光度法；总磷（TP）的测定采用钼酸铵分光光度法。依据《海水水质标准》（GB 3097—1997）采用原子吸收分光光度法测定水样中的Cu、Cd和Pb，采用二乙基二硫代氨基甲酸银分光光度法测定水样中的As。

采用单因素方差分析（One-way ANOVA）样地间潮沟水中 TN、NO_3^--N、NH_4^+-N、TP、Cd、As、Pb 和 Cu 的含量差异，采用 Fisher's Protected LSD 检验检测各处理间的显著性差异（$P<0.05$）。采用 Pearson 相关分析水中氮、磷和重金属含量的相关性，与水基本性质指标相关系数，并分析其相关程度。

6.2　潮沟水中氮、磷不同组分含量及空间分布

黄河三角洲滨海滩涂潮沟水中 TN 含量、TP 含量和 NO_3^--N 含量均从北部渤海湾向南部莱州湾分布样地呈先下降后升高的空间变化趋势，即山东黄河三角洲国家级自然保护区内样地间含量低于保护区外样地间含量，而 NH_4^+-N 含量没有较为明显空间变化趋势（图 6-1）。7 个样地的潮沟水中 TN 含量为 3.26～5.39 mg/L，均值为 4.24 mg/L，各样地间含量差异显著（$F=10.485$，$P<0.001$）。潮沟水中 TN 含量在样地 1 潮沟水中含量最高，而样地 6 潮沟水中 TN 含量最低，在山东黄河三角洲国家级自然保护区内样地 3、样地 4 和样地 5 的潮沟水中 TN 含量要低于保护区内样地 1、样地 2 和样地 7 的含量［图 6-1（a）］。这与黄河三角洲滨海滩涂潮沟周边沉积物中 TN 含量的空间分布不同，黄河口附近沉积物中 TN 含量最高（Fu et al.，2021）。7 个样地的潮沟水中 NO_3^--N 含量为 0.32～1.95 mg/L，均值为 0.64 mg/L，各样地间含量差异显著（$F=40.558$，$P<0.001$）。样地 1 潮沟水中 NO_3^--N 含量最高，而样地 3 潮沟水中 NO_3^--N 含量最低［图 6-1（c）］。潮沟水中 NO_3^--N 平均含量低于黄河三角洲位于莱州湾的入海 8 条河流中 NO_3^--N 平均含量（降雨前平均含量为 1.37 mg/L；降雨后平均含量为 1.47 mg/L）（Xie et al.，2021a）。在保护区内的样地 3、样地 4 和样地 5 潮沟水中的 NO_3^--N 含量要低于保护区内的样地 1、样地 2 和样地 7 的含量（图 6-1）。这与黄河三角洲滨海滩涂潮沟周边沉积物中 NO_3^--N 含量的空间分布不同，保护区内沉积物中 NO_3^--N 含量高于保护区外位于莱州湾沉积物中相应含量（Fu et al.，2021）。7 个样地的潮沟水中 NH_4^+-N 含量为 0.41～0.68 mg/L，均值为 0.56 mg/L，各样地间含量差异显著（$F=2.919$，$P<0.05$）。样地 6 潮沟水中 NH_4^+-N 含量最高，样地 2 潮沟水中 NH_4^+-N 含量最低［图 6-1（c）］。

7 个样地的潮沟水中 TP 含量为 0.02～0.14 mg/L，均值为 0.062 mg/L，各样地间含量差异显著（$F=24.164$，$P<0.001$）。样地 2 潮沟水中 TP 含量最高，黄河口附近样地 5 潮沟水中 TP 的含量最低［图 6-1（b）］，低于黄河口水中 TP 含量（0.04 mg/L）（Tong et al.，2015）。在保护区内样地 3、样地 4 和样地 5 潮沟水中的 TP 含量要低于保护区外样地中的 TP 含量［图 6-1（b）］，与黄河三角洲滨海滩涂潮沟周边沉积物中 TN 含量的空间分布相似（Fu et al.，2021）。

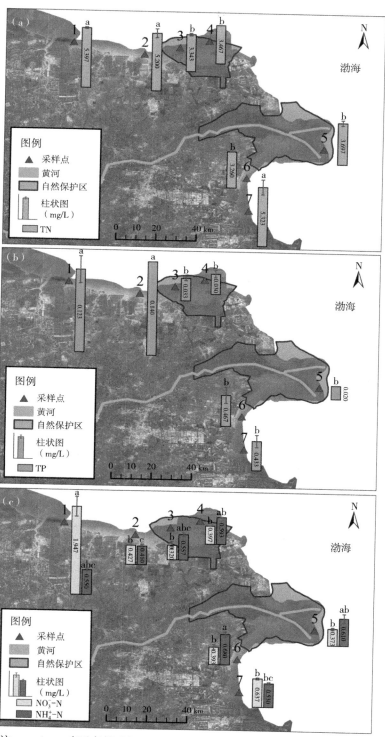

注：a、b、c表示各样地间N含量或P含量的差异显著性（$P < 0.05$）。

图6-1　滩涂潮沟水中氮、磷含量空间分布

　　通过对比黄河三角洲滨海滩涂及黄河河口区水体氮、磷方面以往的其他研究结果
（表 6-1）表明，黄河三角洲滨海滩涂潮沟水中氮、磷来源主要来自黄河三角洲当地陆
源，特别是黄河三角洲作为世界上最年轻的河口三角洲，因其降水蒸发比低、海水影
响等原因，盐碱地分布广泛。因此，在黄河三角洲，施用大量化肥以提高盐碱地作物
产量，增加了黄河三角洲施用氮肥和磷肥的量，会导致大量陆源氮、磷进入黄河三角
洲水体（谢晓天等，2020；Xie et al.，2021a）。

表 6-1　黄河三角洲及其近岸水中氮、磷含量比较

研究区域	采样年份	含量 /（mg/L）				TN/TP	数据来源
		TN	NH_4^+-N	NO_3^--N	TP		
黄河口附近滨海滩涂潮沟	2017	3.69	0.61	0.37	0.02	185	本研究
黄河三角洲滨海滩涂潮沟	2017	4.24	0.56	0.64	0.06	58	本研究
黄河口附近海域	2008	0.37～0.54	0.04～0.05	0.13～0.28	0.02～0.03	—	孙栋等，2010
黄河三角洲广利河、神仙沟、挑河和潮河水样	2009	11.65	3.41	0.49	0.49	24	刘峰等，2012
黄河三角洲广利河、神仙沟、挑河和潮河水样	2010	7.66	5.54	0.64	0.40	19	刘峰等，2012
黄河河口	2012	0.95	0.40	—	0.04	24	Tong et al.，2015

6.3　潮沟水中 TN/TP 质量比

　　潜在性富营养化评价方法是基于海水中相对过剩的营养盐并不能被浮游植物所利
用，仅代表一种潜在的富营养化，只有在水体得到足够的最大限制性氮或磷补充使
得水体 TN/TP 质量比接近 Redfield 值，这部分过剩的磷或氮对水体富营养化的实质
性贡献才得以表现（郭卫东等，1998）。潜在性富营养化评价法的营养盐分级标准如
表 6-2 所示，这种方法多用于评价近岸河口和海洋水体营养程度及限制因子（张雷等，
2016）。

表6-2 潜在性富营养化评价标准

等级	营养级	无机氮含量 / （mg/L）	活性磷酸盐 / （mg/L）	TN/TP 质量比
I	贫营养化	<0.20	<0.03	8～30
II	中度营养化	0.20～0.30	0.03～0.045	8～30
III	富营养化	>0.30	>0.045	8～30
IV P	磷限制中度营养化	0.20～0.30	—	>30
V P	磷中等限制潜在性富营养	>0.30	—	30～60
VI P	磷限制潜在性富营养	>0.30	—	>60
IV N	氮限制中度营养	—	0.03～0.045	<8
V N	氮中等限制潜在性富营养	—	>0.045	4～8
VI N	氮限制潜在性富营养	—	>0.045	<4

TN/TP 质量比是影响藻类爆发性生长的重要影响因子，是水体中浮游藻类产生周期及产生量的重要反映指标。黄河三角洲滨海滩涂的 7 个样地潮沟水中的 TN/TP 质量比变化为 37～185，比值的均值为 96。山东黄河三角洲国家级自然保护区内分布样地 3、样地 4 和样地 5 的潮沟水中 TN/TP 质量比（均值为 134）要高于保护区外样地 1、样地 2、样地 6 和样地 7 的潮沟水中 TN/TP 质量比（均值为 68）。值得关注的是黄河口附近样地 5 潮沟水中的 TN/TP 质量比最高（图 6-2）。由表 6-1 可知，本研究结果对比以往其他研究结果，2008—2017 年，黄河三角洲及其近岸水体中 TN/TP 比值呈增加趋势。

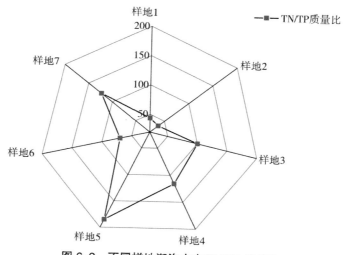

图 6-2 不同样地潮沟水中 TN/TP 质量比

潜在富营养化评价分析（张雷等，2016），水中 TN/TP 质量比＞60，且总无机氮＞0.30 mg/L 属于磷限制潜在性富营养级（表 6-2）。也有研究表明，当 TN/TP 为 10～25 时，藻类生长与氮、磷浓度存在线性相关关系，适宜藻类生长，易发生富营养化（罗固源等，2007）。Guildford 等指出：当 TN/TP 质量比≥22.6，为磷限制性状态；当 TN/TP 质量比≤9，为氮限制性状态（Guildford et al.，2000）。综合分析，黄河三角洲滨海滩涂潮沟水处于磷限制潜在性富营养状态。然而，近年来渤海海域富营养化是一个严重的环境问题（Song et al.，2018）。因此，黄河三角洲滨海滩涂湿地潮沟水应重点防控氮源输入，同时关注 TN/TP 比值变化以防止其进入富营养化临界点，科学控制近岸海水富营养化的风险，将避免营养盐输入对海洋生态平衡和水生资源产生巨大的危害。

6.4　潮沟水中重金属含量及空间分布

重金属具有环境持久性、累积性、较高生物毒性的特点，其来源广泛（Fang et al.，2019；Chen et al.，2019），且进入水体后随水体迁移和运输，可在水相、悬浮物和沉积物中进行分配，迁移能力强于在沉积物中，由于生物富集和生物累积进而威胁水生生物安全（张倩等，2021）。在黄河三角洲滨海滩涂 7 个样地的潮沟水中 Cu 含量的平均值为 60.00 μg/L，Pb 含量的平均值为 6.96 μg/L，Cd 含量均＜0.50 μg/L，As 含量均＜0.09 μg/L。潮沟水中 Cu、Pb、Cd、As 4 种重（类）金属含量的大小排序为 Cu＞Pb＞Cd＞As，这与该区域潮沟周边滩涂沉积物中 Cu、Pb、Cd、As 4 种重（类）金属含量的大小排序（齐月等，2020）相似。山东黄河三角洲国家级自然保护区内样地 3、样地 4 和样地 5 的潮沟水中 Cu 含量均值为 65.56 μg/L、Pb 含量均值为 7.03 μg/L，而保护区外样地 1、样地 2、样地 6 和样地 7 的潮沟水中 Cu 含量均值为 59.16 μg/L、Pb 含量均值为 6.90 μg/L。对比分析环渤海河流、河口及近岸海域和渤海湾、莱州湾海域海水中重（类）金属的含量表明（表 6-3），Cu 含量和 Pb 含量均呈现从内陆水域向海域降低的趋势，由此推测，黄河三角洲滨海滩涂潮沟水中 Cu 和 Pb 的来源以陆源为主；潮沟水中 As 的含量低于内陆水域和海域水体中相应含量，Cd 含量与内陆水域和海域水体中相应含量较为相近，由此推测，黄河三角洲滨海滩涂潮沟水中 As 和 Cd 或许受到海陆双重压力影响。

表 6-3 渤海及环渤海水中重（类）金属含量比较

研究区域	采样年份	平均含量 /（µg/L）				数据来源
		Cu	Cd	Pb	As	
黄河三角洲滨海滩涂潮沟水	2017	60.00	＜0.50	6.96	＜0.09	本研究
环渤海河口及近岸海水	2018	101.74	0.38	47	64.01	Kang et al.，2020
渤海湾海域	2017	2.24	0.24	1.10	1.96	Lin et al.，2020
渤海湾海域	2007—2012	0.16～7.17	0.02～0.68	0.17～9.55	0.25～4.02	Peng et al.，2015
黄河口海域	2017	1.83	0.14	1.34	1.18	Lin et al.，2020
黄河口海域	2017	1.7	0.15	1.5	1.0	Zhang et al.，2020
莱州湾海域	2017	2.74	0.20	0.94	2.25	Lin et al.，2020
莱州湾海域	2010	15.88	0.28	0.88	1.40	Lü et al.，2015

单因素方差分析表明，在不同样地潮沟水中 Cu 含量（$F=17.333$，$P<0.001$）和 Pb 含量（$F=28.772$，$P<0.001$）均存在显著差异。由于各样地潮沟水中 Cd 含量和 As 含量均低于检出限，因此各样地间潮沟水中这两种金属含量未进行方差分析。不同样地间潮沟水中 Cu 含量和 Pb 含量的空间分布特征不同（图 6-3）。由图 6-3 可知，位于黄河口以南样地 6 的潮沟水中 Cu 含量最低，且显著低于其他样地潮沟水中 Cu 含量。黄河三角洲滨海滩涂潮沟水与潮沟周边的滩涂沉积物中 Cu 含量空间分布特征（Li et al.，2019）相似，这或许与滨海滩涂潮沟水和沉积物所承受 Cu 污染的压力相对稳定有关。

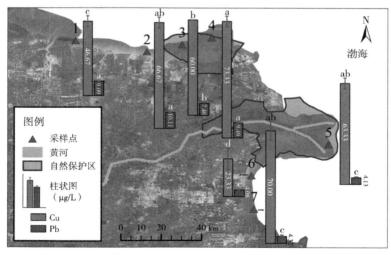

注：a、b、c 表示样地间重金属含量差异显著性（$P<0.05$）。

图 6-3 不同样地潮沟水中铜与铅含量

由图 6-3 可知，潮沟水中 Pb 含量空间分布呈现黄河三角洲北部位于渤海湾的样地 1～样地 4 显著高于黄河口附近样地 5 及其以南的样地 6 和样地 7。其他研究表明，黄河口及其西北近岸沉积物中 Pb 的来源以人为源为主，而黄河口以南近岸海域沉积物中 Pb 受自然源和人为源的双重影响（胡宁静等，2015；刘明等，2016）。尽管黄河三角洲不同区域 Pb 污染来源不同，但是黄河三角洲位于渤海湾和莱州湾滨海滩涂沉积物中 Pb 含量无显著差异（Li et al.，2019）。而本研究中黄河三角洲滨海滩涂潮沟水中 Pb 含量存在差异，同时，结合表 6-3 分析黄河三角洲北部滩涂潮沟水中 Pb 的来源以沿河或近岸输入为主，由此所带来的污染压力或许要大于经由黄河输入对三角洲滨海滩涂潮沟水中 Pb 污染的压力。黄河三角洲北部位于渤海湾的滩涂潮沟水受到 Pb 污染压力是否增加，值得进一步关注。

有研究表明，黄河三角洲滨海滩涂沉积物中重（类）金属 Pb、As、Cd 主要来自石油开采等外来输入（Miao et al.，2020；Sun et al.，2015；Yao et al.，2016；Zhang et al.，2016；齐月等，2020），而黄河三角洲是胜利油田的重要开采区，石油开采对黄河三角洲滨海滩涂受重金属污染具有长期风险。

6.5 环境因子对潮沟水中氮、磷和重金属含量的影响

相关性分析表明，潮沟水中 TN 含量和 TP 含量、NO_3^--N 含量呈显著正相关，与水中 NH_4^+-N 含量、水体 pH、水温呈显著负相关；潮沟水中 TP 含量与 TN 含量、NO_3^--N 含量、Pb 含量呈显著正相关，与 NH_4^+-N 含量、水体 ORP、水体 TDS 和水温均呈显著负相关；潮沟水中 Cu 含量与水体 TDS 呈显著正相关，与 NH_4^+-N 含量、水体 pH 均呈显著负相关；潮沟水中 Pb 含量与 TP 含量呈显著正相关，与 NH_4^+-N 含量、水温均呈显著负相关（表 6-4）。相关性分析结果表明，水中 TN、TP 与 NO_3^--N 的来源相近，Pb 与 TP 来源相近。

潮沟水的 pH、总溶解性固体物质（TDS）和水温是影响黄河三角洲滨海滩涂潮沟水中 TN 含量、TP 含量、Cu 含量和 Pb 含量的重要影响因素。pH 是影响海水中重金属含量的重要环境因素之一（Zhang et al.，2017），据表 6-4 相关性分析结果显示，水的 pH 与水中 Cu 含量和 Pb 含量均呈负相关，即潮沟水 pH 越高则 Cu 和 Pb 含量越低，与我国渤海、黄海沿海水域的相关研究结果相近（Kang et al.，2020）。相关性分析结果显示，随着潮沟水中 TDS 含量增加，则 TP 含量降低，而 Cu 含量增加；随着潮沟水温升高，水中 TN 含量、TP 含量和 Pb 含量均降低。

表 6-4 潮沟水中重金属与环境因子 Pearson 相关系数

	TN	TP	NO_3^--N	NH_4^+-N	Cu	Pb	pH	ORP	TDS
TP	0.634**	1							
NO_3^--N	0.542*	0.533*	1						
NH_4^+-N	-0.574**	-0.518*	-0.108	1					
Cu	0.358	0.007	-0.040	-0.502*	1				
Pb	0.302	0.571**	0.268	-0.456*	0.416	1			
pH	-0.475*	-0.080	0.026	0.536*	-0.879**	-0.241	1		
ORP	-0.252	-0.433*	-0.554**	0.041	-0.076	-0.161	0.111	1	
TDS	0.000	-0.578**	-0.535*	-0.099	0.634**	-0.178	-0.605**	0.546*	1
水温	-0.739**	-0.853**	-0.558**	0.559**	-0.291	-0.598**	0.279	0.447*	0.340

注：没有标号表示没有显著差异；* 表示 $P<0.05$；** 表示 $P<0.01$。

6.6 潮沟水质分析

采用单因素（SF）方法进行水质分析，即是根据单个因素对水质进行分类，根据《海水水质标准》（GB 3097—1997）中所有评价因素中污染最严重的一项，计算公式为 $Q=Max(Q_i)$，式中，Q 为单因子评价水质综合级别；Q_i 为评价参数 i 的水质级别；Max 表示取 i 项水质参数中评价出的水质最差的一项（表 6-5）。

表 6-5 我国海水水质标准中部分指标含量标准 单位：mg/L（pH 除外）

等级	Cd	As	Pb	Cu	pH
第一类	≤0.001	≤0.020	≤0.001	≤0.005	7.8～8.5
第二类	≤0.005	≤0.030	≤0.005	≤0.010	7.8～8.5
第三类	≤0.010	≤0.050	≤0.010	≤0.050	6.8～8.8
第四类	≤0.010	≤0.050	≤0.050	≤0.050	6.8～8.8

注：第一类海水是指水质较干净的海水，可用于海水养殖、自然保护区和濒危物种保护区；第二类海水是指海水干净，可用于海洋水产养殖、游泳等人类娱乐休闲活动；第三类海水表明海水可用于工业和旅游用地；第四类海水表明海水可用于海洋港口和海洋开发作业区。

分析表明，黄河三角洲滨海滩涂所有样地潮沟水中 Cd 含量和 As 含量均达到我国一类海水水质标准，pH 均达到一类、二类海水水质标准，Cu 含量平均值达到三类、四类海水水质标准，Pb 含量平均值达到三类海水水质标准。不同样地潮沟水质存在差异，样地 6 潮沟水中 Cu 含量达到一类海水水质标准，而在其他样地潮沟中均处于三类、四类海水水质标准（图 6-4）；除样地 2 和样地 4 的潮沟水中 Pb 含量处于我国三类海水水质标准，其他样地均达到我国二类海水水质标准。位于北部渤海湾的样地或许受邻近东营港口和经济开发区影响较大，而位于黄河口以南莱州湾的样地 6 和样地 7 潮沟水中的 Cu 含量差异显著，这或许是因为样地 7 更为邻近铜业企业和广利港口。

　　依据单因子水质评价法分析潮沟水质，山东黄河三角洲国家级自然保护区内及保护区外潮沟水质均属于海水四类水质。保护区内所取潮沟全部水样中 Cu 含量均处于三类、四类海水水质标准，而保护区外所取水样中有 33% 数量样品达到二类海水水质，67% 数量样品处于三类、四类海水水质标准［图 6-4（a）］。保护区内所有潮沟水样中有 33% 数量样品中 Pb 含量达到二类海水水质，67% 数量样品中 Pb 含量达到三类海水水质，而保护区外所有潮沟水样中有 42% 数量样品中 Pb 含量达到二类海水水质，42% 数量样品中 Pb 含量达到三类海水水质，还有 17% 数量样品中 Pb 含量达到四类海水水质［图 6-4（b）］。保护区内所有潮沟水样 pH 均达到二类海水水质，而保护区外所有潮沟水样中有 83% 数量样品中 pH 达到二类海水水质，17% 数量样品中 pH 达到三类海水水质［图 6-4（e）］。因此，黄河三角洲国家级自然保护区内潮沟水中重金属 Cu 是重点防治对象。

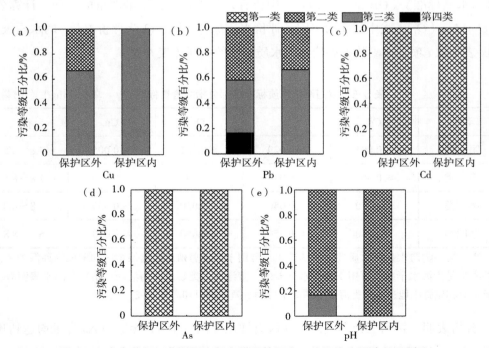

图 6-4　山东黄河三角洲国家级自然保护区内、外潮沟水污染状况对比

6.7 结　论

对黄河三角洲滨海滩涂潮沟水中氮、磷和重金属的含量、空间分布及污染程度分析结果显示：

（1）黄河三角洲滨海滩涂潮沟水中 TN 含量均值为 4.24 mg/L；TP 含量均值为 0.062 mg/L；NH_4^+-N 含量均值为 0.56 mg/L；NO_3^--N 含量均值为 0.64 mg/L。黄河三角洲滨海滩涂潮沟水中 Cu 含量和 Pb 含量平均值分别为 60.00 μg/L 和 6.96 μg/L，Cd 含量均 <0.50 μg/L，As 含量均 <0.09 μg/L。山东黄河三角洲国家级自然保护区内样地潮沟水中 TN 含量、TP 含量和 NH_4^+-N 含量均低于保护区外样地中的相应含量。7 个样地潮沟水中的 TN/TP 质量比值均值为 96，保护区内分布样地潮沟水中 TN/TP 质量比（均值为 134）要高于保护区外样地潮沟水中 TN/TP 质量比（均值为 68），表明所有样地均属于磷限制潜在性富营养状态。

（2）黄河三角洲滨海滩涂从北部渤海湾向南部莱州湾分布的样地潮沟水中 TN 含量、TP 含量和 NH_4^+-N 含量均呈现先下降后升高的空间变化趋势，即保护区内样地相应含量低于保护区外样地中的含量。潮沟水中不同重金属含量空间分布特征不同，位于黄河三角洲南部莱州湾的样地 6 潮沟水中 Cu 含量最低，而潮沟水中 Pb 含量呈现北部样地显著高于黄河口附近及其以南滩涂样地。

（3）相关性分析表明，黄河三角洲滨海滩涂潮沟水中 TN、TP 与 NO_3^--N 的来源相近，Pb 与 TP 来源相近；TDS、pH 和水温是影响黄河三角洲滨海滩涂潮沟水中 TN、TP、Cu 和 Pb 含量的重要因素。

（4）黄河三角洲滨海滩涂样地潮沟水中 Cd 含量和 As 含量均达到我国一类海水水质标准，Cu 含量平均值达到三类、四类海水水质标准，Pb 含量平均值达到三类海水水质标准，但是不同样地潮沟水的水质存在差异。对比山东黄河三角洲国家级自然保护区内外潮沟水中 Pb、As、Cd 含量和 pH，除了潮沟水中 Cu 含量，保护区内潮沟水水质均普遍优于保护区外潮沟水水质。山东黄河三角洲自然保护区内以潮沟水水体中的 Cu 污染防控为主要目标。

第7章 黄河三角洲滨海滩涂潮沟水中多环芳烃空间分布及污染状况

近年来，随着黄河三角洲地区城市和港口的发展，油田开发、生产建设等人类活动的不断影响，黄河三角洲滨海滩涂湿地的生态环境越发脆弱，造成动植物种类和数量减少、水体富营养化、外来种入侵等变化的一个重要原因为环境污染（Li et al.，2018），其主要污染物之一是多环芬烃（PAHs）。PAHs 被联合环境规划署列入管理和控制的持久性有机污染物，在近岸海洋环境中普遍存在，是具有较强的致癌、致畸和致基因突变污染物，其环境行为受到广泛关注（Logan，2007）。水体中的 PAHs 主要通过溢油、地表径流、污水排放、大气干湿沉降等方式输入（Tsapakis et al.，2006），目前已经发现的 PAHs 及其衍生物有 500 多种，20 世纪 80 年代，美国国家环境保护局（USEPA）将其中毒性显著的 16 种定为优先控制的污染物（U.S.），我国将 7 种PAHs 列为水体中优先控制污染物。环境中的 PAHs 具有半挥发性、不易降解性、疏水亲脂性及远距离传输性等化学性质，在大气环流的驱动下其传输可由区域尺度扩大至全球尺度，能够通过食物链在生物体内进行传递和累积，进而对生态系统和人体健康产生威胁（Huang et al.，2012）。因此，研究 PAHs 的来源与分布对开展环境污染防治工作具有重要意义。

潮沟是自然状态的淤泥质滩涂最为显著的一级地貌单元，对滩涂生物多样性维持，特别是对鸟类多样性具有重要影响。本章旨在探讨黄河三角洲滨海滩涂潮沟水中 PAHs 的含量及其空间分布特征。野外采样方法参见第 6 章，水样测定依据国家环境保护标准《水质 多环芳烃的测定 液液萃取和固相萃取高效液相色谱法》（HJ 478—2009），分析检测 16 种 PAHs，分别为萘（Nap）、苊烯（Acpy）、苊（Ace）、芴（Flu）、菲（Phe）、蒽（Ant）、荧蒽（Fla）、芘（Pyr）、苯并［a］蒽（BaA）、䓛（Chr）、苯并［b］荧蒽（BbF）、苯并［k］荧蒽（BkF）、苯并［a］芘（BaP）、茚并［1,2,3-cd］芘（IcdP）、二苯并［a,h］蒽（DahA）、苯并［ghi］苝（BghiP），以期为黄河三角洲滨海滩涂污染防治及其生物多样性保护提供基础支撑。

7.1　潮沟水中 PAHs 含量与空间分布

黄河三角洲滨海滩涂湿地所有样地潮沟水中的 16 种 PAHs 的平均含量为 0.496 μg/L，含量为 0.113～1.533 μg/L，低于渤海湾北部的大辽河河口水体 PAHs 含量（0.749 μg/L）（Zheng et al.，2016）和黄河三角洲内陆水体中 PAHs 含量（0.59 μg/L）（高晓奇等，2017），而高于渤海湾海水中 PAHs 含量（0.137 μg/L）（王璟等，2010）。已有学者在黄河三角洲地区进行了污染调查，Wang 等（2009）研究发现水体中 ΣPAH_{16} 的平均值为 0.121 μg/L；Li 等（2017）分别对生态调水前后地表水中 PAHs 浓度进行了研究，结果分别为 0.226 μg/L 和 0.052 μg/L；Wang 等（2017）调查表明，汛期河流中 PAHs 浓度（0.537 μg/L）低于旱季（1.539 μg/L）。与上述研究相比，本研究中 PAHs 浓度相对较高。黄河三角洲附近的石油开采对滨海滩涂潮沟水中 PAHs 污染压力或许要高于波斯湾地区石油开采对近岸海水中 PAHs 含量（0.464 μg/L）（Jafarabadi et al.，2017）的影响。PAHs 在溶解相中的污染可分为四个等级：0.01～0.05 μg/L 为微污染；0.05～0.25 μg/L 为轻度污染；0.25～1 μg/L 为中度污染；≥1 μg/L 为重度污染（陈宇云，2008），黄河三角洲滨海滩涂湿地所有样地潮沟水中 PAHs 属于中度污染，其中，黄河口附近样地 5 潮沟水中 PAHs 属于重度污染，其他样地属于轻度污染～中度污染。

黄河三角洲滨海滩涂湿地不同样地间潮沟水中 ΣPAH_{16} 含量差异显著（$P<0.01$），总体呈现黄河口及其以南区域潮沟水中 ΣPAH_{16} 含量高于北部滩涂区域的特征。黄河口附近样地 5 潮沟水中的 ΣPAH_{16} 含量最高，与位于黄河口以南样地 7 潮沟水中的 ΣPAH_{16} 含量显著高于黄河三角洲北部渤海湾样地 1～样地 4 潮沟水中的 ΣPAH_{16} 含量（图 7-1）。黄河三角洲具有较为复杂的地貌单元，不同地貌单元及水动力因素或许是影响潮沟水中 ΣPAH_{16} 分布的重要因素，但是在样地间潮沟水中各单体 PAHs 含量差异不显著。黄河三角洲滨海滩涂湿地潮沟水中 PAHs 空间分布特征与滩涂湿地沉积物中 PAHs 分布特征不同，与黄河三角洲非河口区域滨海滩涂相比，潮沟水中 PAHs 含量最高的黄河口附近滨海滩涂在沉积物中的 PAHs 含量却最低（齐月等，2020）。因此，应重视黄河口附近潮沟水中 PAHs 污染防控，以减少附近滩涂沉积物中 PAHs 的污染压力。

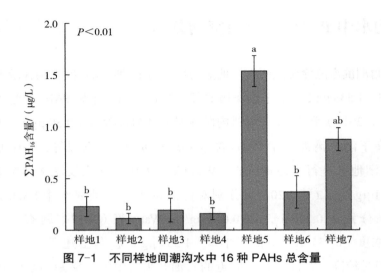

图 7-1　不同样地间潮沟水中 16 种 PAHs 总含量

7.2　潮沟水中 PAHs 组成分析

黄河三角洲滨海滩涂潮沟水中 PAHs 以 5 环为主，占 ΣPAH_{16} 的 29.24%，其次为 2 环，占 ΣPAH_{16} 的 28.41%，6 环占比最少，为 3.74%。通常低分子量（2～3 环）PAHs 急性毒性较明显，但毒性相对较低，在环境中容易通过迁移转化而被降解；而高分子量（4～6 环）PAHs 则对生物产生慢性毒性，水溶性低，在环境中难以通过迁移转化被降解（Kennicutt et al.，1994），这表明黄河三角洲滨海滩涂潮沟水中 PAHs 的急性毒性危害和慢性毒性危害同时存在。潮沟水 16 种 PAHs 中 Nap 的平均含量最高（0.141 μg/L），Acpy 平均含量最低（0.001 μg/L）。

不同样地间潮沟水中不同环数的 PAHs 比例差异较大（图 7-2），样地 1、样地 3、样地 5 中高环与低环比例接近，样地 2 和样地 4 潮沟水中 PAHs 以高环（4～6 环）为主，分别占其 ΣPAH_{16} 的 100% 和 68.55%；而位于黄河口以南的样地 6 和样地 7 潮沟水中的 PAHs 以低环（2～3 环）为主，分别占其 ΣPAH_{16} 的 66.15% 和 69.77%，这与各样地沉积物中不同环的 PAHs 含量比例具有差异（齐月等，2020），样地间潮沟水中不同环 PAHs 含量比例变化要大于沉积物中相应比例。不同样地间 16 种 PAHs 含量分布也存在差异，潮沟水中 IcdP 仅在样地 6 中检测出，BaA、Pyr、Fla 和 Acpy 仅在样地 5 中检测出。

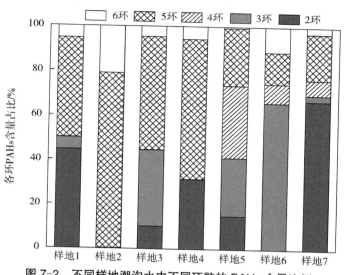

图 7-2　不同样地潮沟水中不同环数的 PAHs 含量比例

　　我国海水水质标准规定了苯并［a］芘（BaP）的含量低于 0.002 5 μg/L 即符合《海水水质标准》（GB 3097—1997）中四类海水水质标准，本研究中样地 1～样地 4 潮沟水中 BaP 均没有超出该标准，但样地 5 中 BaP 平均含量为 0.238 μg/L，是标准值的 95.2 倍，样地 6 中 BaP 平均含量为 0.052 μg/L，是标准值的 20.8 倍，样地 7 中 BaP 平均含量为 0.004 μg/L，是标准值的 1.6 倍。对比水生生物暴露于水体的安全食用标准可知（Law et al.，1997）（表 7-1），样地 3 中的 Ant 含量超过了丹麦水质量评价标准，样地 6 中的 Ant、BaP 含量超过了加拿大及丹麦水质量评价标准，样地 5 中的 BaP 含量已超过爱尔兰、加拿大、美国、丹麦及奥斯罗和巴黎委员会的水质量评价标准，样地 2 与样地 7 中的 BghiP 含量超过了爱尔兰最大允许浓度。上述情况表明各样地的污染情况不尽相同，样地 1 与样地 4 受污染情况较小，而黄河口及其以南滨海滩涂潮沟水中 BaP 含量应引起重视，特别是样地 5 遭受的污染最严重，其位于黄河入海口，且在山东黄河三角洲国家级自然保护区内，其污染对于湿地生态系统稳定性和鸟类繁衍的影响值得重点关注。

表 7-1　国外一些国家及组织水生生物暴露于水体的安全食用标准　　　　单位：μg/L

标准	PAHs 含量							
	Ant	BaA	BaP	BbF	BghiP	Fla	NaP	Phe
爱尔兰最大允许浓度	—	0.2	0.1	0.1	0.02	0.5	—	2
加拿大水质量评价标准	0.12	—	0.008	—	—	—	11	0.8

续表

标准	PAHs 含量							
	Ant	BaA	BaP	BbF	BghiP	Fla	NaP	Phe
美国环境质量标准	—	—	—	—	—	—	—	4.6
丹麦水质量评价标准	0.01	—	—	—	—	—	1	—
奥斯罗和巴黎委员会生态毒理评价标准	0.005～0.5	—	0.01～0.1	—	—	0.005～0.5	1～10	—

7.3 潮沟水中 PAHs 来源解析

PAHs 来源较为多样，往往与船舶泄漏、工业排放、燃料燃烧等有关（Cristale et al.，2012；Yan et al.，2016），深入了解其来源可以更为有效地从源头防控其污染（Chen et al.，2015）。根据 PAHs 自身结构性质，黄河三角洲滨海滩涂样地 2 与样地 4 潮沟水以高环 PAHs 为主（图 7-2），一般认为与石油、煤炭、生物质等燃料的不完全燃烧和交通尾气的排放等有关（Yang et al.，2014；Qiao et al.，2006；陈锋等，2016）；样地 6 与样地 7 中 PAHs 的组成成分相近，均以低环为主，一般认为低环 PAHs 主要与石油泄漏或化石燃料的自然挥发有关（Yang et al.，2014；Qiao et al.，2006；陈锋等，2016）；样地 1、样地 3、样地 5 中 PAHs 高环与低环比例接近，石油开发及人类活动或许均对其造成影响。

特征比值法也常用于 PAHs 来源解析（Soclo et al.，2000），基于互为同分异构体的多环芳烃之间相似的动力学质量转移系数与热力学分配系数，通过其浓度比值来区分热源与石油源等（车丽娜等，2019）。黄河三角洲滨海滩涂不同样地潮沟水中 Ant/（Ant+Phe）比值为 0～0.881，平均值为 0.227；Fla/（Fla+Pyr）比值为 0～0.040，平均值为 0.006；BaA/（BaA+Chr）比值为 0～0.344，平均值为 0.049；IcdP/（IcdP+BghiP）比值为 0～0.781，平均值为 0.112；Fla/Pyr 比值为 0～0.042，平均值为 0.006。分析图 7-3（a）和图 7-3（d）可知，样地 3 和样地 6 潮沟水中 PAHs 主要来源为石油燃烧，其余样地潮沟水中 PAHs 主要来源为石油污染；分析图 7-3（b）可知，样地 6 潮沟水中 PAHs 主要来源为生物质燃烧、煤燃烧以及石油污染，样地 5 潮沟水中 PAHs 主要来源为石油污染及其混合源，其余样地潮沟水中 PAHs 主要来源为石油污染；分析图 7-3（c）可知，样地 5 潮沟水中 PAHs 主要来源为石油污染及其混合源，其余样地潮沟水中 PAHs 主要来源为石油污染。

综合分析 PAHs 环数与特征比值结果，位于黄河口以南样地 6 潮沟水中 PAHs 的来源较为广泛，包括石油源，石油燃烧源以及生物质燃烧源，这或许是受到周边工业生产、居民生活和石油开发的多重影响；样地 1、样地 2、样地 3、样地 4、样地 5 中 PAHs 来源主要与石油开采及人类活动有关，样地 7 中 PAHs 主要来源为石油污染，这或许与滩涂上进行的石油开采作业有关。结合第 5 章研究该区域沉积物中 PAHs 来源分析，石油燃烧与石油污染或许是黄河三角洲滨海滩涂中 PAHs 的长期且主要来源。

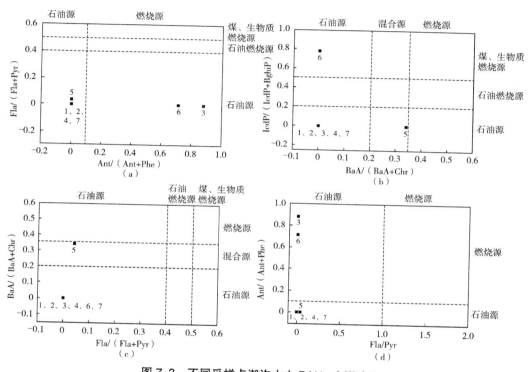

图 7-3　不同采样点潮沟水中 PAHs 来源诊断

7.4　结　论

对黄河三角洲滨海滩涂潮沟水中 PAHs 含量、空间分布、组分及来源解析表明：

（1）黄河三角洲滨海滩涂潮沟水中 16 种 PAHs 含量均值为 0.496 μg/L，含量为 0.113～1.533 μg/L，属于中度污染水平。不同样地间潮沟水中 ΣPAH_{16} 含量差异显著，黄河口附近样地 5 及其以南的样地 7 潮沟水中 ΣPAH_{16} 含量显著高于位于黄河三角洲北部渤海湾样地 1～样地 4 潮沟水中 ΣPAH_{16} 含量。

（2）黄河三角洲滨海滩涂湿地潮沟水中 16 种 PAHs 中 Nap 的平均含量最高为 0.141 μg/L，Acpy 平均含量最低为 0.001 μg/L。不同样地潮沟水中 16 种 PAHs 含量存在差异，不同样地间潮沟水中各单体 PAHs 含量差异不显著。IcdP 仅在样地 6 中检测出，BaA、Pyr、Fla 和 Acpy 仅在样地 5 中检测出。

（3）黄河三角洲滨海滩涂潮沟水中 16 种 PAHs 以 5 环 PAHs 为主，其次为 2 环 PAHs，6 环 PAHs 占比最少，低环（2～3 环）PAHs 与高环（4～6 环）PAHs 含量比例为 50.05：49.95；不同环数的 PAHs 含量比例在不同样地间存在差异，样地 2 和样地 4 潮沟水中 PAHs 以高环为主，而样地 6 和样地 7 潮沟水中 PAHs 以低环为主。

（4）根据 PAHs 环数与特征比值法综合分析黄河三角洲滨海滩涂不同样地潮沟水中 PAHs 来源不同。位于黄河口以南样地 6 潮沟水中 PAHs 的主要来源为石油污染、石油燃烧及生物质燃烧，样地 7 中 PAHs 主要来源为石油污染，其余样地中 PAHs 来源主要与石油开采及人类活动有关。

第 8 章　黄河三角洲滨海滩涂分布油井的多环芳烃污染特征

黄河三角洲滨海滩涂湿地上分布着大量游梁式抽油机，这是潜在的环境污染源。近年来，在山东黄河三角洲国家级自然保护区内的油井已经逐步封闭、清除并开展生态修复工作，但是黄河三角洲滨海滩涂湿地上依然有大量运行的油井。本章针对黄河三角洲滨海滩涂湿地上运行油井以及封闭修复后的油井点位周边沉积物中 PAHs 污染特征进行分析，并分析时间因素的影响，以期了解黄河三角洲滨海滩涂湿地上油井周边环境中 PAHs 含量、分布特征及污染水平，为科学管控黄河三角洲滨海滩涂石油类污染及生态风险提供基础支撑。

8.1　运行油井周边沉积物中 PAHs 污染特征

在黄河三角洲滨海滩涂上选取运行油井作为观测对象，在飞雁滩油田滩涂湿地低潮区（每天受潮汐影响）及在一零六油田滩涂湿地高潮区（每年受到 1～2 次大潮汐影响），综合考虑运行油井周边的道路、油井间距离、人为活动等因素影响，分别选择 3 个运行油井，野外采样工作于 2017 年 9—10 月进行。以每个运行油井为圆心向外发散状布设 3 条样线，且围绕油井尽量增加样线之间的角度，构建起围绕游梁式抽油机的环状采样带（图 8-1）。在每条样线上按照相同 35 m 距离设置 5 个样点，D1、D2、D3、D4、D5 分别表示距离油井 35 m、70 m、105 m、140 m、175 m 的不同距离下采样点，每个样点设置 3 个 1 m×1 m 的样方，在每个样方内选取表层 0～15 cm 沉积物，分析 PAHs 含量及沉积物基本理化性质。

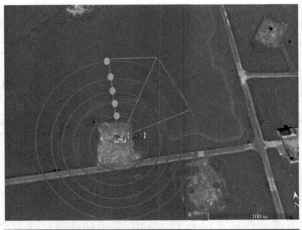

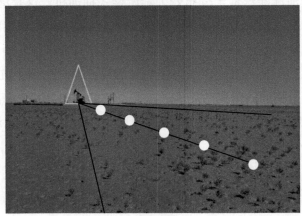

图 8-1 样点及样线布设示意

8.1.1 沉积物中 PAHs 含量及组分分析

低潮潮滩沉积物中 ΣPAH_{16} 含量为 29.8～3 780.0 ng/g，平均含量为 630.0 ng/g；高潮潮滩沉积物中 ΣPAH_{16} 含量为 110.0～2 050.0 ng/g，平均含量为 572.6 ng/g。根据 PAHs 污染程度的 4 个水平，即无污染（≤200 ng/g）、轻度污染（＞200～600 ng/g）、中等污染（＞600～1 000 ng/g）、严重污染（＞1 000 ng/g）（Maliszewska-Kordybach，1996），低潮潮滩油井周边沉积物中 PAHs 含量均值属于中等污染，高潮潮滩油井周边沉积物中 PAHs 含量均值属于轻度污染。

低潮潮滩油井周边沉积物中共检测出 16 种 PAHs，以高环 PAHs 为主，其中苯并［ghi］苝（BghiP）含量占总量的 18.5%，芘（Pyr）含量占总量的 18.2%，苯并［k］荧蒽（BkF）含量占总量的 13.2%，苯并［a］芘（BaP）含量占总量的 12.5%，苊

（Ace）含量占总量的 11.3%，这 5 种 PAHs 含量共占总量的 73.7%。高潮潮滩油井周边沉积物中共检测出 14 种 PAHs，以高环 PAHs 为主，䓛（Chr）和茚并［1,2,3-*cd*］芘（IcdP）未检出，其中芘（Pyr）的含量最高约占 17.9%。低潮潮滩和高潮潮滩沉积物中 16 种 PAHs 的最大值、最小值、平均值见图 8-2。

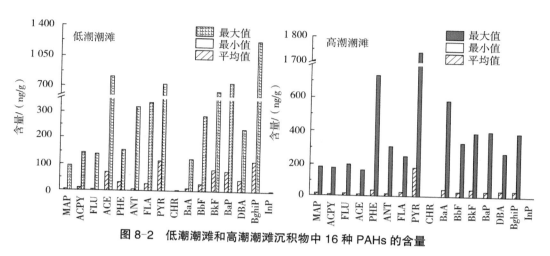

图 8-2　低潮潮滩和高潮潮滩沉积物中 16 种 PAHs 的含量

8.1.2　沉积物中 PAHs 空间分布特征

由图 8-3 可知，随着与油井距离（0～175 m）的增加，沉积物中 ΣPAH_{16} 含量呈现降低后再增加趋势。王传远等（2010）在 3 个油田围绕抽油机进行 0 m、20 m、100 m 距离的采样，检测到石油烃的质量分数皆呈现随距离增大而梯度减小的规律。本研究表明在距离油井 0～140 m 的沉积物中 ΣPAH_{16} 含量随着距离增加而降低趋势依然存在。长期采油过程会造成石油以污染源为中心向外迁移，这或许是在潮汐作用下将油井运行时产生的 PAHs 带到周边沉积物中，因此随着与油井距离增加沉积物中 PAHs 含量先呈现降低趋势。然而，当两个及以上油井分布较为集中所产生的 PAHs 在潮汐作用下汇集到一起时，在距离油井较远的沉积物中呈现高含量，这或许是在距离油井 175 m 沉积物中 ΣPAH_{16} 含量增加的原因。

按照 PAHs 污染程度的 4 个水平（Maliszewska-Kordybach，1996），低潮潮滩距离油井 35 m、175 m 沉积物中 ΣPAH_{16} 含量和高潮潮滩距离油井 35 m、70 m 沉积物中 ΣPAH_{16} 含量均为中等污染，其余与油井不同距离的沉积物中 ΣPAH_{16} 含量为轻度污染。因此，在油井周边石油污染防控时除了重点关注油井临近区域外，还应重点关注多个油井的中间区域的污染状况。

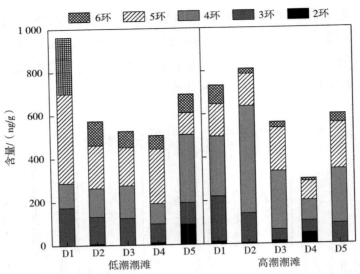

注：D1、D2、D3、D4、D5 分别表示距离油井 35 m、70 m、105 m、140 m、175 m 的不同采样点。

图 8-3　对比低潮潮滩与高潮潮滩沉积物中不同环的 PAHs 含量

如图 8-4 所示，滩涂沉积物中各点 6 环 PAHs 的含量占 ΣPAH_{16} 的比例与距离成反比，含量随着与采油机距离的增大而减小，低环（2～3 环）PAHs 含量相对最稳定，且含量最低；高潮滩上沉积物中 5 环 PAHs 的含量占 ΣPAH_{16} 的比例与距离成反比，含量随着与采油机距离的增大而降低，其他环 PAHs 随距离变化规律性不明显。两个采样地的沉积物中 2 环 PAHs 含量最低，中高环（4～6 环）PAHs 含量占 70% 以上，且高潮滩上沉积物中 4 环 PAHs 所占比例最高。

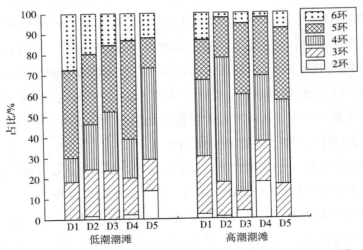

注：D1、D2、D3、D4、D5 分别表示距离采油机 35 m、70 m、105 m、
　　140 m、175 m 的不同采样点。

图 8-4　两种生境下 5 个污染源距离的沉积物中各环 PAHs 的比例

8.1.3 沉积物中 PAHs 含量与环境因子的关系

　　分别对低潮滩和高潮滩的表层沉积物中 PAHs 含量与环境因子进行相关性分析。结果表明（表 8-1），低潮潮滩沉积物中 4 环 PAHs 与沉积物中黏粒含量呈显著正相关（$P<0.05$），其余各环 PAHs 和 ΣPAH_{16} 含量与沉积物 pH、植株密度无显著相关性，或许与低潮潮滩受到潮汐影响更为频繁有关。高潮潮滩沉积物中 ΣPAH_{16} 含量与沉积物中壤粒含量所占比例呈显著正相关（$P<0.05$），5 环 PAHs 含量与沉积物中有机质含量、壤粒含量、植株密度均呈显著正相关（$P<0.05$），其余各环 PAHs 和 ΣPAH_{16} 含量与沉积物质地、pH、植株密度无显著相关性。

表 8-1　两种生境沉积物中 PAHs 含量与环境因子的相关系数

生境类型	PAHs	有机质含量	pH	黏粒含量	壤粒含量	砂粒含量	植株密度	距离
低潮潮滩	ΣPAH_{16}	−0.035	−0.072	−0.087	0.216	−0.042	−0.042	−0.147
	2 环 −PAHs	−0.205	−0.24	−0.073	0.163	−0.221	−0.014	0.026
	3 环 −PAHs	−0.135	−0.107	0.009	0.208	−0.139	−0.205	−0.125
	4 环 −PAHs	−0.071	−0.041	−0.308*	−0.025	−0.072	−0.079	0.255
	5 环 −PAHs	0.040	−0.076	−0.068	0.204	0.028	0.054	−0.183
	6 环 −PAHs	0.019	0.030	0.095	0.194	0.022	0.022	−0.289
高潮潮滩	ΣPAH_{16}	0.223	0.031	−0.017	0.318*	−0.222	0.264	−0.199
	2 环 −PAHs	0.173	0.075	0.204	0.235	−0.246	0.248	0.035
	3 环 −PAHs	−0.018	−0.034	−0.179	0.093	0.001	−0.004	−0.274
	4 环 −PAHs	0.136	0.011	−0.094	0.213	−0.118	0.168	−0.196
	5 环 −PAHs	0.314*	0.077	0.178	0.307*	−0.287	0.331*	0.04
	6 环 −PAHs	−0.002	−0.035	−0.033	0.097	−0.057	0.031	−0.169

　　注：* 表示在 $P<0.05$ 水平上显著相关。

　　对低潮潮滩和高潮潮滩油井周边沉积物中 16 种 PAHs 与环境因子进行相关分析表明（表 8-2），低潮潮滩沉积物中，苊烯（Acpy）和苯并［k］荧蒽（BkF）与距离呈显著正相关（$P<0.05$），苯并［k］荧蒽（BkF）与沉积物中粉粒含量呈显著正相关（$P<0.05$），菲（Phe）与沉积物中黏粒含量呈显著负相关（$P<0.01$），而苯并［a,h］蒽（DahA）与沉积物中黏粒含量呈显著正相关（$P<0.01$）。高潮潮滩油井周边沉积物中 16 种 PAHs 与沉积物中有机质含量、pH、土壤粒径、植株密度和距离均无显著相关性。

黏粒粒径较小，比表面积较大，能够提供更多可吸附 PAHs 的点位，因而起到吸附 PAHs 的作用（Amellal et al.，2001）。低潮潮滩受潮水影响更为频繁，其沉积物质地组成与高潮潮滩沉积物存在差异。分析可知，高潮潮滩沉积物粒径中黏粒所占比例更高，砂粒和壤粒含量更低，因此其沉积物中能吸附更多的 PAHs。

表 8-2　16 种 PAHs 含量与环境因子的相关系数

生境类型	PAHs类型	有机质含量	pH	黏粒含量	粉粒含量	砂粒含量	植株密度	距离
低潮潮滩	Nap	—	—	—	—	—	—	—
	Acpy	−0.179	0.212	0.022	−0.07	0.062	−0.155	0.432*
	Flu	—	—	—	—	—	—	—
	Ace	0.184	0.226	0.233	−0.373	0.315	0.219	−0.010
	Phe	−0.125	−0.015	−0.505**	0.012	0.06	−0.13	0.045
	Ant	−0.285	−0.267	0.047	0.211	−0.204	−0.327	−0.083
	Fla	−0.229	−0.039	0.105	−0.015	0	−0.239	0.161
	Pyr	−0.142	0.199	−0.056	−0.193	0.1880	−0.119	0.027
	Chr	—	—	—	—	—	—	—
	BaA	−0.093	0.354	0.232	−0.121	0.08	−0.048	0.312
	BbF	−0.041	0.127	0.052	−0.002	−0.005	−0.025	0.006
	BkF	−0.004	0.316	0.172	−0.431*	0.378	0.038	−0.383*
	BaP	0.107	0.088	0.273	−0.197	0.145	0.121	0.146
	DahA	0.126	−0.012	0.559**	−0.081	−0.003	0.127	−0.213
	BghiP	−0.110	0.149	0.326	−0.214	0.154	−0.093	0.288
	IcdP	—	—	—	—	—	—	—
高潮潮滩	Nap	0.173	0.075	0.204	0.235	−0.246	0.248	0.035
	Acpy	0.019	0.046	−0.038	0.124	−0.074	−0.003	0.077
	Flu	0.056	−0.052	−0.04	0.057	−0.026	0.114	−0.168
	Ace	−0.196	0.092	−0.158	−0.178	0.187	−0.207	−0.236
	Phe	0.001	−0.069	−0.026	0.097	−0.06	0.016	−0.205
	Ant	0.027	0.010	−0.220	0.032	0.060	0.003	−0.001
	Fla	0.131	−0.047	0.188	0.033	−0.094	0.200	−0.066
	Pyr	0.083	−0.039	−0.098	0.166	−0.082	0.060	−0.195

续表

生境类型	PAHs类型	有机质含量	pH	黏粒含量	粉粒含量	砂粒含量	植株密度	距离
高潮潮滩	Chr	—	—	—	—	—	—	—
	BaA	0.072	0.139	-0.09	0.118	-0.051	0.155	-0.011
	BbF	0.230	0.152	0.087	0.274	-0.229	0.211	-0.07
	BkF	0.274	0.127	0.272	0.234	-0.270	0.283	-0.06
	BaP	0.196	0.016	-0.029	0.154	-0.100	0.225	0.032
	DghiA	0.123	-0.125	0.151	0.165	-0.175	0.145	0.241
	BghiP	-0.002	-0.035	-0.033	0.097	-0.057	0.031	-0.169
	IcdP	—	—	—	—	—	—	—

注：* 表示在 $P < 0.05$ 水平上显著相关；** 表示在 $P < 0.01$ 水平上显著相关；—表示值不存在。

8.1.4 沉积物中 PAHs 源解析

土壤中 PAHs 来源主要分为天然和人为两种。天然来源包括森林及草原火灾、火山活动和生物内源性合成等，而人为带来的工业排放、石油溢漏、化石燃料燃烧及大气沉降等是环境中 PAHs 剧增的主要原因（Kanaly et al.，2000）。低分子量 PAHs 在环境中可通过生物作用降解或者光降解，主要来源于石油及其产品，而高分子量 PAHs 在自然界中难降解，主要来源于化石燃料（如柴油、汽油等）的高温燃烧、工业活动等焦化过程，以及生物质的不完全燃烧。本节选择 Ant/（Ant+Phe）、Flu/（Flu+Pyr）和 Fla/（Fla+Pyr）比值相结合的方法来判断高潮潮滩和低潮潮滩表层沉积物中 PAHs 的来源。Ant/（Ant+Phe）可有效区分石油和燃烧来源，当比值小于 0.1 时，表明 PAHs 来源于原油污染，大于 0.1 时为燃烧污染（Doong et al.，2004）；Fla/（Fla+Pyr）的比值小于 0.4 时，表明 PAHs 来源于原油污染，大于 0.5 时为生物质燃烧，处于 0.4～0.5 时表示为汽油燃烧（Yunker et al.，2002）；Flu/（Flu+Pyr）可用于区分石油燃烧和其他燃烧，当比值小于 0.4 时，表明 PAHs 来自石油源，大于 0.5 时为生物质燃烧，处于 0.4～0.5 时表示为燃烧源（Samuel et al.，2010；杨艳艳，2016）。结果表明，低潮潮滩油井周边沉积物中 PAHs 的主要来源为原油污染，高潮潮滩油井周边沉积物中 PAHs 的污染源包括原油污染和燃烧污染（图 8-5）。

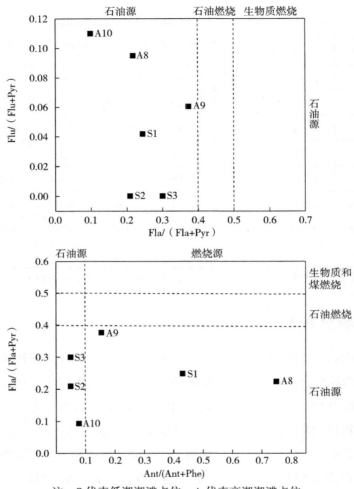

注：S 代表低潮潮滩点位；A 代表高潮潮滩点位。

图 8-5 两种生境沉积物中 PAHs 来源诊断

8.2 封闭油井周边沉积物中 PAHs 污染特征

以保护湿地生态系统和珍稀濒危鸟类的山东黄河三角洲国家级自然保护区与胜利油田开采区域存在部分区域重叠。2017 年，胜利油田开始逐步退出位于山东黄河三角洲国家级自然保护区核心区和缓冲区内共计 300 口的油井生产设施。胜利油田制定了关停退出油井方案及生态恢复计划，截至 2020 年年底已完成相关修复工程。本节以 2002 年、2012 年、2018 年 3 个不同封闭时间的油井为研究对象，在飞雁滩油田的滨海滩涂湿地上，每个年份随机选取了 3 个封闭油井，分析原有油井点位的沉积物中 PAHs 含量与组成特征，分析封闭油井工程对黄河三角洲滨海滩涂湿地的污染影响。

8.2.1　PAHs 含量及污染状况

2002 年、2012 年、2018 年 3 个不同退出年份的封闭油井所在位置的沉积物中 ΣPAH_{16} 与 ΣPAH_7 含量如图 8-6 所示。根据 Maliszewska-Kordybach（1996）界定 PAHs 的 4 个污染程度，即未污染（<200 ng/g）、轻度污染（200～600 ng/g）、中度污染（600～1 000 ng/g）、重度污染（>1 000 ng/g）可知，沉积物中 ΣPAH_{16} 含量在退出时间为 2018 年时最高，达到了 1 652.41 ng/g，属于重度污染水平；其余两个封闭油井沉积物中 PAHs 含量分别为 202.21 ng/g、135.35 ng/g，属于轻度污染和未污染水平。与 ΣPAH_{16} 的分布规律相似，沉积物中 7 种致癌 PAHs 含量大小排序为 2018 年＞2002 年＞2012 年，其含量分别为 1 266.88 ng/g、103.82 ng/g、40.23 ng/g。BaP 由于具有较强的脂溶性和较高的辛醇 / 水分配系数，易与有机质结合，且蒸气压低，难以被降解。依照加拿大农业土壤制定 BaP 的环境健康控制标准 100 ng/g[①]，油井封闭时间为 2018 年的油井周边沉积物中 BaP 平均含量为 348.71 ng/g，超出加拿大健康标准 3 倍，表明该滨海滩涂湿地已受到 BaP 污染，对周边生态环境将产生严重的影响。这可能是由于拆除油井生产设施时的操作不当以及清理地面废油、油渣工作的不到位等造成。在以后的油井拆除工作中，应更规范行为操作，建立完善的工作方案，对装置中的设备、管线等及时进行排压和清洗，并由相关部门现场监管并进行风险评估，验收合格后方可办理手续，保证拆除工作安全有序地进行，从而避免石油对滨海滩涂环境造成二次污染。

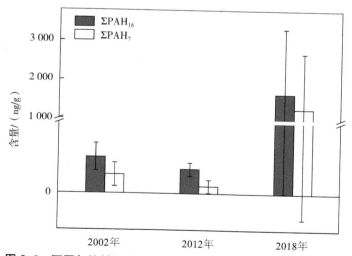

图 8-6　不同年份封闭油井周边沉积物中 ΣPAH_{16} 与 ΣPAH_7 含量

[①]　目前我国没有相关标准。

8.2.2　PAHs 组分变化

不同年份封闭油井周边沉积物中 PAHs 组成结构如图 8-7 所示。整体来看，2002 年和 2018 年封闭油井周边沉积物中 PAHs 组成结构相似，均以高环为主，2012 年封闭油井周边沉积物中 PAHs 组成结构与其不同，以低环 PAHs 为主。2002 年封闭油井周边沉积物中，PAHs 各环含量占比依次为 2 环（42.39%）＞4 环（32.24%）＞5 环（20.89%）＞6 环（4.48%）＞3 环（0）；2012 年封闭油井周边沉积物中，PAHs 各环含量占比依次为 2 环（70.27%）＞4 环（21.73%）＞5 环（5.65%）＞6 环（2.35%）＞3 环（0）；2018 年封闭油井周边沉积物中，PAHs 各环含量占比依次为 4 环（68.34%）＞5 环（24.62%）＞3 环（3.92%）＞2 环（2.66%）＞6 环（0.47%）。在不同年份的低环 PAHs 中，均以 Nap 的贡献显著，从含量来看，2018 年封闭油井周边沉积物中该成分含量较以前有明显的降低；高环 PAHs 中均以 BaA 含量占比最大。有研究表明，NaP 主要来源于原油及相关产品的泄漏（Biache et al.，2014），BaA 主要由燃料燃烧产生（Bi et al.，2016），因此在未来的石油生产工作中，应强化制度管理，规范程序操作，定期进行运行环境污染检查，大力发展新能源，实现生产过程清洁化，推进绿色技术研发应用，构筑环境友好型产业链，可以在很大程度上减轻 PAHs 污染压力。

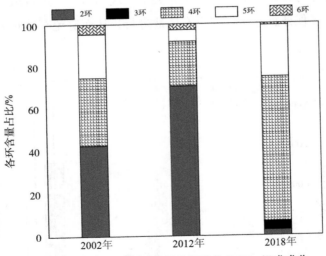

图 8-7　不同年份封闭油井周边沉积物 PAHs 组成成分

8.3　运行油井周边沉积物中 PAHs 污染时间特征

以 2009 年在黄河三角洲飞雁滩油田滨海滩涂湿地上对运行油井的调查数据为基

础，于 2021 年对依然运行良好的两口油井进行再次调查。每口油井在 2009 年原有取样点位再一次采集表层沉积物（0~20 cm），对比 2009 年和 2021 年油井周边沉积物中 PAHs 的含量及组分，以深入分析黄河三角洲滨海滩涂湿地上运行 12 年的油井周边沉积物中 PAHs 污染状况及变化。

8.3.1　PAHs 含量及污染状况

2009 年，黄河三角洲滨海滩涂湿地运行的油井周边沉积物中 PAHs 含量为 1 004.09~1 435.11 ng/g，平均值为 1 219.6 ng/g。根据 Maliszewska-Kordybach（1996）的 PAHs 4 个污染程度，即未污染（<200 ng/g）、轻度污染（200~600 ng/g）、中度污染（600~1 000 ng/g）、重度污染（>1 000 ng/g）界定，2009 年沉积物中 PAHs 属于重度污染水平。7 种致癌 PAHs 含量为 35.58~481.35 ng/g，平均值为 258.47 ng/g，占 ΣPAH_{16} 的 21.19%。其中 BaP 含量为 0.05~2.93 ng/g，平均值为 1.49 ng/g，分别占 ΣPAH_7 和 ΣPAH_{16} 的 0.58% 和 0.12%。除 Ace、Acpy、DahA、BkF、IcdP 外，其余 PAHs 单体均有不同程度的检出。

2021 年，对应 2009 年位置信息采集的滨海滩涂运行油井周边沉积物中 PAHs 含量为 126.3~201.91 ng/g，平均值为 164.1 ng/g，属于未污染水平。7 种致癌 PAHs 含量为 12.63~22.43 ng/g，平均值为 17.53 ng/g，占 ΣPAH_{16} 的 10.68%。其中 BaP 含量为 11.22~12.63 ng/g，平均值为 11.92 ng/g，分别占 ΣPAH_7 和 ΣPAH_{16} 的 68.01% 和 7.27%。与 2009 年相比，2021 年沉积物中 PAHs 污染情况明显好转，表明现有石油开采作业对周边环境污染压力有所减小。运行油井需继续保持现有运行管理规范，不断提升从业人员生态环境保护意识，并不断提升油井开采与运行技术水平。胜利油田在石油生产工艺上采用网电钻机替代过去柴油的使用，降低燃油过程对周边环境的影响；采用钢制泥浆配制池，防止泄漏对周边环境造成危害；含油钻井固体废物委托具有处理危险废物资质的单位进行操作，最大限度减少对生态环境的影响。同时油田建立了环境保护人员培训制度，提高各工作人员的环保意识。对比 2009 年与 2021 年沉积物中 PAHs 含量表明，技术上的提高与意识的转变对于治理污染是十分必要的。值得关注的是，沉积物中致癌性最强的 BaP 含量占比在增加，针对运行油井周边沉积物中 PAHs 的污染风险管控值得重视。

8.3.2　PAHs 组分变化

对比 2009 年与 2021 年相同运行油井周边沉积物中 16 种 PAHs 组成成分（图 8-8），2009 年沉积物中以低环 PAHs（2~3 环）为主，各环含量占比依次为 3 环

（64.5%）＞4环（28.62%）＞2环（5.67%）＞5环（1.21%）＞6环（0.003%），低环PAHs中，Flu含量占比最大，其含量占比为83.93%；2021年沉积物中各环占比与2009年具有相似性，低环PAHs含量占主导，各环含量占比依次为2环（85.47%）＞5环（10.68%）＞4环（3.85%）。不同的是，2021年采集的沉积物低环PAHs中，Nap贡献最大。一般而言，低环PAHs主要与石油泄漏或化石燃料的自然挥发等有关，高环PAHs主要由石油、煤炭、草木等不完全燃烧和交通尾气的排放等产生（Murray et al.，2019），通过分析可知，石油污染是该区域滨海滩涂湿地沉积物中PAHs的主要且长期的污染来源。

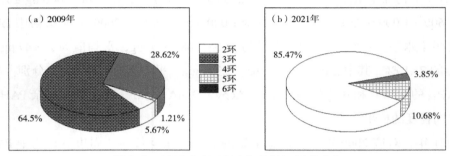

图8-8　2009年与2021年PAHs组成成分

8.4　结　论

针对在黄河三角洲滨海滩涂上运行的油井、封闭油井的周边沉积物中PAHs含量、时空特征及污染水平等分析可知：

（1）黄河三角洲滨海滩涂低潮潮滩油井周边沉积物中PAHs含量均值为630.0 ng/g，属于中等污染；高潮潮滩油井周边沉积物中PAHs含量均值为572.6 ng/g，属于轻度污染。随着与运行油井的距离增加，沉积物中ΣPAH_{16}含量呈现降低（0～140 m）后再增加（175 m）趋势。在防控油井周边石油污染时，应重点关注油井临近区域，以及位于多个油井的中间区域。源解析结果显示低潮潮滩上运行油井周边沉积物中PAHs的主要污染来源为原油，而高潮潮滩运行油井周边沉积物中PAHs的污染来源包括原油和燃烧来源。

（2）山东黄河三角洲国家级自然保护区内，2018年封闭油井附近沉积物中PAHs含量均值达到了1 652.41 ng/g，高于2002年、2012年封闭油井附近沉积物中PAHs含量，属于重度污染水平；2002年、2012年封闭油井附近沉积物中，PAHs含量分别为

202.21 ng/g、135.35 ng/g，属于轻度污染和未污染。PAHs 组分分析 2002 年和 2018 年封闭油井周边沉积物中 PAHs 均以高环为主，2012 年封闭油井周边沉积物中以低环 PAHs 为主。在不同年份的低环 PAHs 中，均以 Nap 含量最大；高环 PAHs 中，均以 BaA 含量最大。

（3）2009 年调查黄河三角洲飞雁滩油田滨海滩涂湿地运行油井周边沉积物中 PAHs 含量均值为 1 219.6 ng/g，属于重度污染；2021 年，对应 2009 年位置采集的运行油井周边沉积物中 PAHs 含量均值为 164.1 ng/g，属于未污染，与 2009 年对比 PAHs 污染明显好转。但从单体 PAHs 来看，2021 年表层沉积物中致癌性最强的 BaP 含量占比增大，因此针对运行油井周边沉积物中 PAHs 的污染风险依然值得进一步监管。PAHs 组分分析表明，2009 年与 2021 年的黄河三角洲飞雁滩油田滨海滩涂湿地表层沉积物中均以低环 PAHs 为主，石油污染是沉积物中 PAHs 的主要且长期的污染来源。

基于研究结果，建议对黄河三角洲滨海滩涂上运行油井和封闭后生态修复的油井采取不同的污染生态风险防控措施。基于黄河三角洲滨海滩涂湿地现有运行油井周边污染状况，需继续保持现有运行管理规范，不断提升从业人员生态环境保护意识，并不断提升油井开采与运行技术水平，以防止石油污染的生态风险，同时不断提升石油开采作业管理规范及技术水平，能够降低运行油井对周边环境的污染压力。运行油井周边 50 m 范围内以及两个及以上运行油井的中间区域是石油类污染物累积的重点区域，也是重点监控与修复的区域。黄河三角洲滨海滩涂湿地逐步拆除的封闭油井设施存在极大的污染风险隐患，建议加强拆除封闭油井修复工程的全过程监管，在拆除作业过程中采用新能源动力设备，减少柴油动力设备使用，针对拆除废弃物应做到不落地，建设短期废弃物放置设施，防止拆除设备中残留的原油等造成局部污染，加大修复工程成效评估及事后监测。

第9章 石油污染对黄河三角洲滨海滩涂主要植物生长的影响

　　翅碱蓬（*Suaeda salsa*）、碱蓬（*Suaeda glauca*）是广泛分布于黄河三角洲滨海滩涂的一年生草本植物，皆为藜科碱蓬属，具有较强的耐盐碱性，可明显改良盐碱土壤，增加土壤有机质含量，在黄河三角洲植物群落演替中有着不可替代的作用，可形成"红海滩"独特的景观。翅碱蓬多分布于滨海滩涂湿地潮间带，而碱蓬则多生长在滨海滩涂湿地高潮潮滩靠近陆域的生境中。石油中含有多种难降解的烃类和2 000多种毒性大且有致畸、致癌、致突变效应的有机物质，进入土壤后会改变土壤结构及理化性质，危害植物生长发育，对生态系统造成严重威胁。有研究表明，翅碱蓬和碱蓬均对石油污染具有耐受性（王传远等，2010）。本章将分析石油污染胁迫下两种植物的萌发、生长和生理代谢，以揭示石油污染的生态风险。

　　2017年在黄河三角洲滨海滩涂采集翅碱蓬和碱蓬两种植物种子。翅碱蓬种子采样于118.805703°E、38.082727°N，仅分布翅碱蓬单一种群的潮间带；碱蓬种子采样于118.810287°E、38.107261°N，植物群落以碱蓬和芦苇为主的高潮滩。供试土壤采自黄河三角洲未经原油污染的土壤，供试原油来自胜利油田，原油中饱和烷烃质量分数约为89.86%，芳香烃的质量约占总质量的4.93%。控制实验在山东省黄河三角洲生态环境重点实验室温室开展。花盆土配制成石油质量分数（石油质量/土壤质量）分别为0 mg/kg、2 500 mg/kg、5 000 mg/kg、7 500 mg/kg和10 000 mg/kg。根据野外调查滨海滩涂植物密度数据设置4个植物种植密度梯度，分别为每盆24株、12株、6株、3株，每个处理4个重复，播种时间为2018年5月。自播种起每日计数萌发数至第8天、第20天和第30天，并测量株高，此后生长期每周测株高1次，其生长162天于果期进行收获。

9.1　石油污染对碱蓬和翅碱蓬萌发的影响

9.1.1　不同浓度石油污染对种子萌发的影响

种子萌发是幼苗建立和植物种群维持与发展的先决条件。通过双因素方差分析可知（表 9-1），土壤中的石油浓度对两种碱蓬的平均萌发时间和萌发指数影响极显著（$P<0.001$），而对萌发百分率和发芽势影响不显著（$P>0.05$）；不同物种对种子萌发百分率和发芽势影响极显著，而对平均萌发时间和萌发指数的影响不显著（$P>0.05$）；土壤中石油浓度和物种间的交互作用对萌发百分率、平均萌发时间、萌发指数和发芽势均无显著影响（$P>0.05$）。

表 9-1　石油浓度与物种间对种子萌发特性的双因素方差分析

因子	种子萌发特性			
	萌发百分率	平均萌发时间	萌发指数	发芽势
石油浓度	2.096	9.631[***]	8.206[***]	0.851
物种间	39.198[***]	0.325	3.059	9.924[**]
交互作用	0.237	1.808	0.288	0.407

注：表中为 F 值。** 表示 $P<0.01$，差异显著；*** 表示 $P<0.001$，差异极显著。

碱蓬和翅碱蓬对恶劣环境具有一定的抗逆性，可以抵抗盐碱、旱涝，一定浓度的盐溶液可以提高碱蓬和翅碱蓬的萌发率。本研究中，碱蓬和翅碱蓬的种子具有一定的石油耐受性与较强适应性，1~10 000 mg/kg 浓度的石油对碱蓬和翅碱蓬的种子萌发率抑制不显著，石油污染可以促进翅碱蓬和碱蓬种子的萌发率，且石油的不同浓度梯度对萌发率的影响差异不明显，这与之前的相关研究结果一致（张丽辉等，2007；王传远等，2010）。在张丽辉等（2007）的研究中，碱蓬和翅碱蓬在土壤中石油浓度为 500 mg/kg时，萌发率高于空白对照组，在浓度为 1 000~30 000 mg/kg 时相对发芽率随着石油浓度增加而降低，这与本实验结果不同。在本实验中所设定浓度范围内供试翅碱蓬和碱蓬的萌发率分别高于 88.75% 和 91.25%，与张丽辉等（2007）和王传远等（2010）的研究结果相比具有更高的种子萌发率，这可能与本实验的供试种子采自油井附近植株，具有更强的石油污染抗性和适应性，由于母体效应，其种子在萌发过程中表现出更好的抗逆性。何洁等（2011）研究未掺加石油时翅碱蓬的萌发率与本研究结果差异不大，但在石油影响下翅碱蓬的萌发率低于空白对照组且呈梯度下降，这与本研究结果差异较大。

本研究中，在石油污染胁迫下碱蓬和翅碱蓬的平均萌发时间缩短。有研究表明，高粱、花生和冬小麦的萌发时间随着土壤中石油污染浓度的加大而缩短（杨丽珍，2010）。这或许是石油污染并没有在种子萌发之前入侵种子表皮伤害种子胚芽，而限制种子萌发的主要原因是表层土壤水分（李小利等，2007）。添加了石油后的土壤结构及理化性质改变，土壤保水能力更强，使得石油处理组的种子能够保持长期处于地表土湿度较高的环境下，湿度环境加速了种子萌发，缩短了种子的萌发时间。

发芽势反映了种子萌发的整齐程度和种子的优劣，种子发芽势高，表示种子活力强、发芽整齐、增产潜力大（孙艳茹等，2015；钱春荣等，2008）。有研究表明，石油对碱蓬种子发芽率影响不甚明显，但对发芽势影响较大（张丽辉等，2007）。而本实验中低浓度石油胁迫对两种碱蓬的萌发率和发芽势影响均不显著，这与赵丽君等（2017）的石油污染胁迫实验中苜蓿种子萌发的响应一致，说明本实验的供试种子具有更好的石油抗性。

9.1.2 不同浓度石油污染对种子萌发率的影响

本实验中设定 4 个石油污染梯度和 1 个空白对照，分别为 2 500 mg/kg（T1）、5 000 mg/kg（T2）、7 500 mg/kg（T3）、10 000 mg/kg（T4）和 0 mg/kg（T0）。如图 9-1 所示，不同石油浓度梯度下，两种碱蓬萌发率皆差异不显著（$P > 0.05$），且两种碱蓬间种子萌发率的差异也不显著（$P > 0.05$），但受石油污染胁迫下的两种碱蓬种子的萌发率皆高于对照组，相对发芽率 > 1。

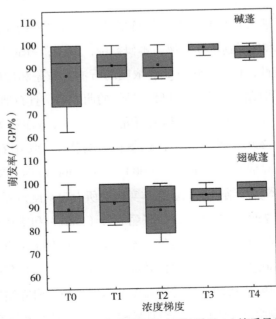

注：T0、T1、T2、T3 和 T4 分别代表石油质量分数（石油质量／土壤质量）为 0 mg/kg、2 500 mg/kg、5 000 mg/kg、7 500 mg/kg 和 10 000 mg/kg，下同。

图 9-1　石油影响下碱蓬和翅碱蓬种子的萌发率

9.1.3　不同浓度石油污染对种子萌发指数的影响

如图 9-2 所示，两种碱蓬种子的萌发指数均显著高于对照组（$P<0.01$），但不同的石油污染浓度下，两种碱蓬种子的萌发指数不存在显著差异（$P>0.05$）。石油浓度在 T2（5 000 mg/kg）条件下，两种碱蓬种子的萌发指数均最高，并随着石油污染浓度的升高而降低，这与碱蓬对镉胁迫的响应类似（孙艳茹等，2015）。

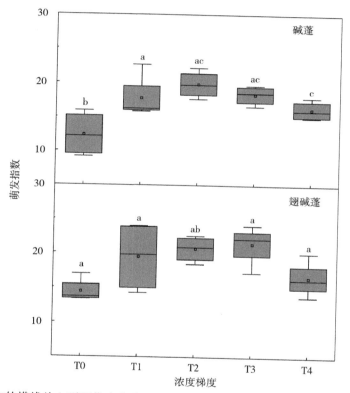

注：箱型图中的横线从上到下依次代表最大值、上四分位数、中位数、下四分位数、最小值，空心点代表平均值；用小写字母 a、b、c、d 表示 $\alpha=0.05$ 时不同浓度梯度间差异显著性，下同。

图 9-2　石油影响下碱蓬和翅碱蓬种子的萌发指数

9.1.4　不同浓度石油污染对平均萌发时间的影响

如图 9-3 所示，不同石油污染浓度梯度下，两种碱蓬的种子萌发平均时间差异显著（翅碱蓬 $P<0.05$；碱蓬 $P<0.01$）。实验组两种碱蓬种子的平均萌发时间皆低于空白对照组，石油浓度在 5 000 mg/kg 时，碱蓬的平均萌发时间最短，在 7 500 mg/kg 条

件下，翅碱蓬的平均萌发时间最短，但相同浓度下两种碱蓬种子的平均萌发时间没有显著差异（$P > 0.05$）。通过空白对照组（T0）比较两种类型种子的平均萌发时间可以得出，碱蓬种子的平均萌发时间高于翅碱蓬，但差异不显著（$P > 0.05$）。

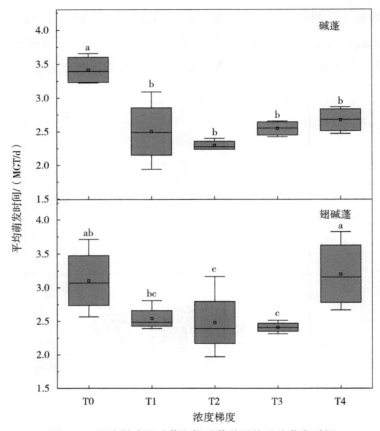

图 9-3　石油影响下碱蓬和翅碱蓬种子的平均萌发时间

9.1.5　不同浓度石油污染对发芽势的影响

如图 9-4 所示，不同石油污染处理下碱蓬的发芽势皆高于空白对照组（T0），碱蓬种子的发芽势高于翅碱蓬。碱蓬的发芽势随石油浓度梯度的升高而提高，翅碱蓬的发芽势则变化不明显。在石油污染浓度低于 10 000 mg/kg 时，两种碱蓬之间种子发芽势差异不显著（$P > 0.05$），直至石油污染浓度为 10 000 mg/kg 时种子发芽势表现出极显著差异（$P < 0.01$）。

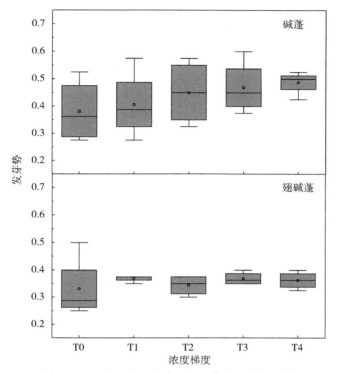

图 9-4　石油影响下碱蓬和翅碱蓬种子的发芽势

9.2　石油污染对碱蓬和翅碱蓬生长的影响

9.2.1　不同浓度石油污染对幼苗子叶长度和数量的影响

幼苗生长是植物存活的基础。子叶在种子中是储藏营养的器官，是真叶出现前光合作用的主要区域，是种子萌发过程中的能量来源。有研究表明，碱蓬幼苗生长解除对子叶依赖的时间是第 15 天（秦峰梅，2007）。如图 9-5 所示，空白对照两种碱蓬幼苗的子叶长度差异不显著（$P>0.05$），不同处理下的子叶长度皆小于空白对照。不同石油污染浓度下，翅碱蓬幼苗子叶长度差异不显著（$P>0.05$），碱蓬幼苗子叶长度差异极显著（$P<0.01$），且碱蓬幼苗的子叶长度随石油浓度的增加而减小。这表明在不同浓度的石油胁迫下，翅碱蓬与碱蓬的胁迫响应存在差异，其中碱蓬幼苗受胁迫响应规律性更明显。

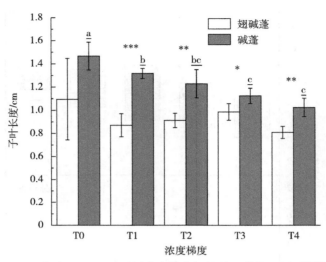

注：字母 a、b、c、d 表示 α=0.05 时不同浓度梯度间差异显著性，用下划线区分不同物种；相同浓度下两物种间的差异显著性用 * 表示，其中 * 表示 $P<0.05$，** 表示 $P<0.01$，*** 表示 $P<0.001$。图标以平均值 ± 标准差表示。下同。

图 9-5　石油污染胁迫下翅碱蓬和碱蓬幼苗的子叶长度

叶片数量是植物应对胁迫响应的直观生长指标之一，面对生长胁迫，植物往往会表现出生长差异。如图 9-6 所示，石油处理 20 d 时两种碱蓬的叶片数皆低于空白对照，随着石油浓度的增加两种碱蓬幼苗的叶片数逐渐降低，石油对翅碱蓬和碱蓬幼苗叶片数的抑制作用极显著（$P<0.01$）。石油处理 20 d 时，对照组中翅碱蓬和碱蓬叶片数差异不显著，但不同石油浓度处理下两种碱蓬叶片数差异显著，且翅碱蓬幼苗出现了明显的生长滞后。石油污染胁迫 30d 时两种碱蓬叶片数差异显著（$P<0.05$），土壤石油污染浓度>2 500 mg/kg 时差异极显著（$P<0.001$）。相同处理下，碱蓬的叶片数皆高于翅碱蓬，表明在相同石油浓度胁迫下，碱蓬具有更好的适应能力和耐受能力。

彭昆国等（2012）的研究表明，在 0～10% 的石油质量分数下，玉米的叶片数随着石油浓度的增加而逐渐减少，玉米株高与石油质量分数呈显著相关。岳冰冰等（2011）研究表明，在 0～7 500 mg/kg 的石油污染下，随着石油处理质量分数的增加，紫花苜蓿的生长受到明显抑制，株高、叶片数等与对照比较明显降低。本研究土壤中 0～10 000 mg/kg 石油浓度显著抑制两种碱蓬幼苗的株高和叶片数，且这种抑制作用随着石油浓度梯度的增加而增加，这与以往研究结果一致（于君宝等，2012；彭昆国等，2012；岳冰冰等，2011）。本实验中石油处理碱蓬和翅碱蓬皆出现了烂根现象，且烂根程度与石油浓度梯度成正比，这或许是导致碱蓬和翅碱蓬在外观及生长量上出现明显梯度差异的原因。

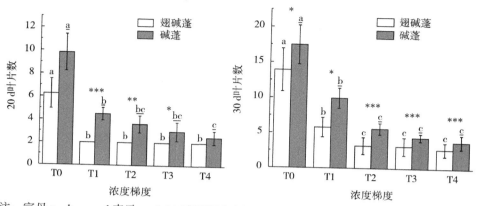

注：字母 a、b、c、d 表示 α=0.05 时不同浓度梯度间差异显著性，用下划线区分不同物种；相同浓度下两物种间的差异显著性用 * 表示，其中 * 表示 $P<0.05$， ** 表示 $P<0.01$， *** 表示 $P<0.001$。图标以平均值 ± 标准差表示。下同。

图 9-6　石油影响下翅碱蓬和碱蓬 20 d 和 30 d 的叶片数

9.2.2　不同浓度石油污染对株高和根长的影响

面对环境胁迫植物往往会表现响应差异，株高是植物面对胁迫响应的生长指标之一。如图 9-7 所示，相比对照组，各时期 4 个石油污染浓度对碱蓬和翅碱蓬种子的株高皆表现出极显著抑制（$P<0.01$）。张涛等（2009）发现，土壤石油污染浓度为 500～5 000 mg/kg 时，碱蓬的株高皆高于空白对照，而土壤石油污染会抑制翅碱蓬幼苗株高。这与本实验中翅碱蓬的表现一致，但未观测到石油促进碱蓬生长现象，或许与种子来源有关。

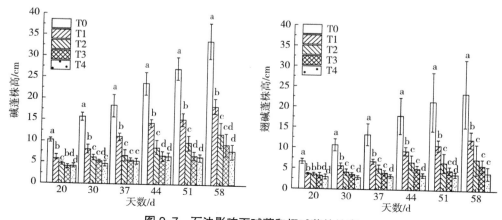

图 9-7　石油影响下碱蓬和翅碱蓬的株高

　　本实验空白对照中 30 d 翅碱蓬的株高与何洁等（2011）实验结果相似，但在石油浓度为 5 000 mg/kg 和 10 000 mg/kg 时，本实验中翅碱蓬幼苗高度皆显著低于何洁等（2011）实验结果，除了种子来源、盐度、土壤理化和培养条件不同，或许与供试石油来源的成分不同有关。本实验中两种碱蓬的株高受到抑制程度随石油浓度的增大而增加，刘继朝等（2009）研究也表明，随着石油污染水平的增加，向日葵、狗牙根、高丹草、棉花、紫花苜蓿、高羊茅等 9 种供试植物的株高呈下降趋势。低浓度下，随着生长时间的增长，石油对两种碱蓬的抑制也越来越大，这种现象随着石油浓度提高而越明显。这或许是石油进入土壤后，影响土壤的通透性，阻碍植物根系的呼吸与吸收，引起根系腐烂从而影响植物生长的缘故（齐永强等，2002）。

　　相同石油浓度下，两种碱蓬种子的幼苗株高差异极显著（$P < 0.01$）。由表 9-2 可知，各时期、各浓度下石油对翅碱蓬的相对抑制率高于碱蓬，且两种碱蓬的株高相对抑制率随着石油浓度梯度的增加而增加。

表 9-2　不同浓度梯度石油污染对翅碱蓬和碱蓬株高的相对抑制率　　　　单位：%

物种	处理	对株高相对抑制率					
		20 d	30 d	37 d	44 d	51 d	58 d
翅碱蓬	T0	0.000	0.000	0.000	0.000	0.000	0.000
	T1	1.815	1.802	1.724	1.540	1.525	1.743
	T2	1.889	2.827	2.687	2.578	3.127	3.517
	T3	2.118	3.431	3.585	3.666	4.750	4.667
	T4	2.443	4.538	4.687	5.691	6.212	7.088
碱蓬	T0	0.000	0.000	0.000	0.000	0.000	0.000
	T1	0.714	0.937	0.656	0.658	0.788	0.833
	T2	1.181	1.524	1.748	1.702	1.791	1.882
	T3	1.545	1.984	2.227	2.551	2.995	2.576
	T4	1.367	2.258	2.355	2.619	3.250	3.329

　　根据野外调查植物样方数据设置实验中 4 个植物种植密度梯度，分别为 M4：24 株（419 株 /m²），M3：12 株（209 株 /m²），M2：6 株（105 株 /m²），M1：3 株（52 株 /m²）。如图 9-8 所示，石油污染胁迫下，翅碱蓬和不同植株密度下碱蓬的根长皆随石油浓度的增加而减小，石油处理组两种碱蓬的根长低于空白对照。石油污染下翅碱蓬的根长差异显著（$P < 0.05$），且 T2 浓度下翅碱蓬的根长显著高于其他处理组的翅碱蓬根长（$P < 0.05$）。石油污染对 M4 和 M1 密度碱蓬的根长影响极显著（$P < 0.01$），对 M3 密度碱蓬的根长影响显著（$P < 0.05$），对 M2 密度碱蓬的根长影响不显著（$P > 0.05$）。

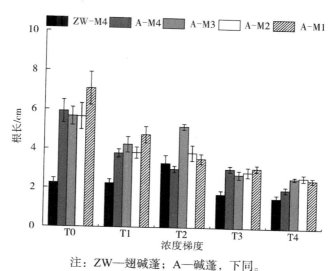

注：ZW—翅碱蓬；A—碱蓬，下同。

图 9-8　不同梯度浓度石油污染对翅碱蓬和不同密度碱蓬根长的影响

9.2.3　不同梯度浓度石油污染对分枝数的影响

由图 9-9 可以看出，石油污染对翅碱蓬分枝数影响极显著（$P<0.01$），随着石油浓度的增加，翅碱蓬的分枝数呈梯度下降。相同植株密度下翅碱蓬的分枝数显著低于碱蓬（$P<0.01$）。石油浓度对 4 个密度的碱蓬影响极显著（$P<0.01$）。M4 和 M3 种植密度的碱蓬的分枝数随着石油浓度梯度的升高而呈现规律性梯度降低，石油浓度 T0～T2 下，M1 种植密度的碱蓬的分枝数高于其他种植密度下的分枝数；石油浓度 T3～T4 下，M3 种植密度的碱蓬的分枝数最高。

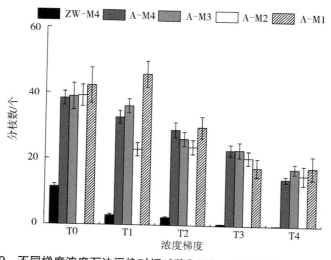

图 9-9　不同梯度浓度石油污染对翅碱蓬和不同密度翅碱蓬分枝数的影响

9.2.4　不同浓度石油污染对器官鲜重的影响

由图 9-10 所示，石油污染对翅碱蓬生物量的影响极显著（$P<0.001$），不同石油污染浓度下翅碱蓬的各器官的鲜重皆显著低于对照组（$P<0.05$）。在 2 500 mg/kg（T1）、5 000 mg/kg（T2）、7 500 mg/kg（T3）、10 000 mg/kg（T4）石油浓度下，单株翅碱蓬的根鲜重分别下降 54.4%、52.4%、78.9%、79.7%，茎鲜重分别下降 76.2%、66.0%、89.4%、92.0%，叶鲜重分别下降 86.7%、79.0%、93.3%、94.3%，果鲜重分别下降 81.0%、70.2%、88.2%、95.3%，整株鲜重分别下降 64.8%、52.9%、79.7%、87.5%。T2 石油污染浓度下的翅碱蓬根、茎、叶和果的鲜重高于其余 3 组，说明石油污染对翅碱蓬生物量的影响并不是完全随着石油浓度的增加而加重。

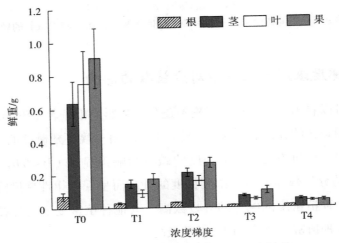

图 9-10　石油污染胁迫下翅碱蓬各器官鲜重

由图 9-11 可知，石油污染对翅碱蓬根鲜重和叶鲜重的影响显著（$P<0.05$），对翅碱蓬单株茎鲜重和单株果鲜重影响极显著（$P<0.01$），石油污染胁迫下的翅碱蓬各器官鲜重皆显著低于空白对照（$P<0.05$）。石油污染浓度对每盆 24 株（M4）、12 株（M3）和 3 株（M1）种植密度碱蓬的根鲜重、茎鲜重和叶鲜重的胁迫效果极显著（$P<0.001$），对每盆 6 株（M2）种植密度碱蓬的根鲜重、茎鲜重和叶鲜重胁迫效果不显著（$P>0.05$）；对 M3 和 M2 种植密度碱蓬果鲜重胁迫效果极显著（$P<0.001$），对 M4 种植密度碱蓬果鲜重胁迫效果显著（$P<0.05$），对 M2 种植密度碱蓬果鲜重胁迫效果不显著（$P>0.05$）。

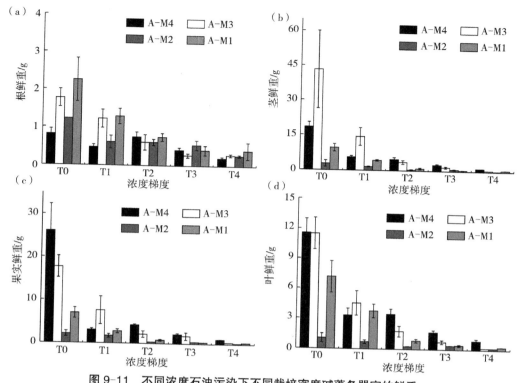

图 9-11　不同浓度石油污染下不同栽培密度碱蓬各器官的鲜重

9.3　石油污染对碱蓬和翅碱蓬叶绿素荧光参数的影响

光合叶绿素荧光参数是植物光合作用与环境之间内在关系的探针，可以反映植物在吸收、传递、耗散和分配光能方面的特性。其中，最小荧光强度，又称初始荧光 F_o，表示光系统Ⅱ（PSⅡ）反应中心处于完全开放式的荧光产量，它与叶片叶绿素浓度有关；最大荧光产量 F_m 是 PSⅡ 反应中心处于完全关闭时的荧光产量，可反映通过 PSⅡ 的电子传递情况；黑暗中可变荧光 F_v 反映了原初电子受体（QA）的还原情况。F_v/F_o 和 F_v/F_m 分别代表 PSⅡ 的潜在活性和暗适应下 PSⅡ 的最大光化学效率（原初光能转换效率），非胁迫条件下该参数值变化极小，不受物种和生长条件的影响，而胁迫条件下明显下降（张守仁，1999）。其中，F_v/F_m 能反映植物对光能的利用效率，是反映植物在胁迫条件下光合作用受抑制程度的理想指标（郝兴宇等，2011）。

由表 9-3 可知，相同种植密度下，在 5 000 mg/kg（T2）和 10 000 mg/kg（T4）石油污染浓度下，翅碱蓬的 F_o 和 F_m 参数值高于空白对照，在 2 500 mg/kg（T1）石油浓度时翅碱蓬 F_v 参数值高于空白对照，T1 和 7 500 mg/kg（T3）石油污染浓度下翅碱蓬

的 F_v/F_m 高于空白对照。在 4 个石油污染浓度梯度下，碱蓬的 F_o 和 F_m 值皆高于空白对照，F_v 和 F_v/F_m 值在 T1 浓度时高于空白对照。相同浓度下，对照组翅碱蓬的各光合荧光参数皆高于碱蓬，但在石油污染影响下除 T3 石油污染浓度下的 F_v 参数值以外，碱蓬的各叶绿素荧光值皆高于翅碱蓬。但以上结果经相关性分析不同石油污染浓度对翅碱蓬和碱蓬的各叶绿素荧光参数影响皆不显著（$P>0.05$）；相同石油污染浓度梯度下，翅碱蓬和碱蓬的同一叶绿素荧光参数亦差异不显著（$P>0.05$）。

由表 9-3 可知，不同种植密度下，T0 对照组中碱蓬的 F_o 参数值在 M2 种植密度时最大，随着种植密度的增加 F_o 值逐渐减小。F_m 和 F_v 参数值则是在 M3 种植密度时最大，随着种植密度的增加而减小。F_v/F_m 和 F_v/F_o 在 M2 种植密度时达到最大值。T4、T3、T2 和 T1 石油污染浓度下，不同种植密度的叶绿素荧光参数差异不显著（$P>0.05$）；无石油污染影响下，M4 种植密度下碱蓬的 F_o 和 F_m 参数值低于 M3 和 M2 种植密度下的参数值，差异极显著（$P<0.01$），其余参数在各种植密度下差异不显著（$P>0.05$）。

表 9-3 　不同浓度石油污染下翅碱蓬和碱蓬的叶绿素荧光参数

物种	密度	梯度	叶绿素荧光参数				
			F_o	F_m	F_v	F_v/F_m	F_v/F_o
翅碱蓬	M4	T0	165.75±21.42	169.25±23.04	3.5±2.08	0.020±0.01	0.021±0.01
		T1	155.75±7.5	160.5±4.04	4.75±4.35	0.030±0.03	0.031±0.03
		T2	177±41.85	180.5±43.98	3.5±3.11	0.018±0.01	0.019±0.01
		T3	163±19.53	165.0±20.41	3.5±2.38	0.023±0.02	0.023±0.02
		T4	179.25±38.97	181.5±40.20	2.25±1.5	0.012±0.01	0.011±0.01
碱蓬	M4	T0	144±32.72	145.25±32.51	2.5±1.91	0.019±0.02	0.023±0.02
		T1	229±104.83	235.5±112.59	6.5±8.43	0.023±0.02	0.021±0.02
		T2	192.00±18.06	196.0±17.36	4.0±1.41	0.021±0.02	0.021±0.01
		T3	204.75±23.56	207.25±22.74	2.5±1.29	0.013±0.01	0.013±0.01
		T4	186.25±16.4	188.5±17.18	2.25±0.96	0.012±0.00	0.012±0.00
	M3	T0	222.33±51.73	226.33±51.73	4±0.00	0.018±0.00	0.019±0.00
		T1	207.33±63.11	210.33±66.43	3±3.46	0.012±0.01	0.012±0.01
		T2	200.33±11.68	202.67±12.58	2.33±1.15	0.011±0.01	0.011±0.01
		T3	167.33±45.76	170.33±47.16	3±2.00	0.017±0.01	0.018±0.01
		T4	201.33±15.70	204.00±14.00	2.67±2.08	0.014±0.01	0.014±0.01

续表

物种	密度	梯度	叶绿素荧光参数				
			F_o	F_m	F_v	F_v/F_m	F_v/F_o
碱蓬	M2	T0	236.67±48.26	243±52.85	6.33±4.93	0.024±0.01	0.025±0.01
		T1	199.67±57.84	200.67±57.64	5.33±6.66	0.03±0.04	0.03±0.04
		T2	209.67±13.58	213.67±17.16	4±3.61	0.018±0.01	0.018±0.02
		T3	219±7.55	220±7.55	1±0	0.005±0	0.005±0
		T4	220.67±53.3	223.33±54.65	2.67±1.53	0.011±0.01	0.011±0.01
	M1	T0	186.67±9.61	189.33±9.07	2.67±0.58	0.014±0	0.014±0
		T1	225.67±77.66	236.33±85.17	10.67±7.57	0.04±0.02	0.042±0.02
		T2	218.33±52.21	222.33±55.79	4±3.61	0.016±0.01	0.017±0.01
		T3	216±54.06	219±55.24	3±1.73	0.013±0.01	0.014±0.01
		T4	187±5.29	188.67±5.86	1.67±0.58	0.008±0	0.009±0

在 M3 和 M2 种植密度处理中，石油处理组的 5 个叶绿素荧光参数皆低于空白对照。M1 种植密度时，碱蓬的 5 个叶绿素荧光参数皆在 T1 石油污染浓度下取得最高值。方差分析得，石油污染浓度梯度对各种植密度下碱蓬叶绿素荧光参数影响皆不显著（$P>0.05$）。

有研究指出，在模拟石油污染土壤环境下的玉米、高粱和翅碱蓬叶片中叶绿素含量与土壤中石油含量呈现一定的相关性，在一定的石油浓度范围内，土壤中石油能够增加叶片中叶绿素含量，但当土壤中石油含量较高时，叶片中叶绿素含量降低（许端平等，2006；何洁等，2011）。本研究中不同种植密度对碱蓬的初始荧光和最大荧光产量影响极显著（$P<0.01$），但石油的添加减小了种植密度对叶绿素荧光参数的影响。这或许是在不利环境因素下，碱蓬通过自身调整来应对环境影响胁迫，甚至一定程度的不利环境因素会激发碱蓬更大的生长潜能，如提高萌发率、提高光合作用等。本研究表明，土壤生境中石油浓度不超过 10 000 mg/kg 的污染对碱蓬和翅碱蓬的叶绿素荧光参数的影响不显著，对光合机构破坏较小。

9.4　结　论

黄河三角洲有着丰富的生物资源和石油天然气资源，曾是我国第二大石油生产基地。常年的石油生产、运输和使用等过程以及溢漏事故，严重威胁着油井周围的环境，其生态风险受到广泛关注。开展石油污染对黄河三角洲滨海滩涂常见的两种碱蓬萌发及生长的影响研究显示：

（1）在黄河三角洲滨海滩涂采集的翅碱蓬和碱蓬种子对石油污染影响具有较好适应性，土壤中少量的石油可以促进翅碱蓬和碱蓬萌发。两种碱蓬的萌发指数和平均萌发时间对石油污染响应显著，土壤中低于 10 000 mg/kg 的石油浓度可以显著提高碱蓬和翅碱蓬的萌发指数，缩短平均萌发时间。相较于翅碱蓬，碱蓬对石油污染具有更好的种子活力、抗逆性和适应性。

（2）石油会显著抑制翅碱蓬和碱蓬的幼苗生长。随着石油浓度的增高，石油对幼苗株高、叶片数和子叶长的抑制作用逐渐增大。在相同浓度石油污染胁迫下，对翅碱蓬的幼苗株高和叶片数的相对抑制率高于碱蓬。不同浓度石油对翅碱蓬的鲜重影响差异极显著，碱蓬密度在每盆 24 株（419 株 /m²）、12 株（209 株 /m²）和 3 株（52 株 /m²）时显著降低植株鲜重，但是碱蓬密度在每盆 6 株（105 株 /m²）时对植株鲜重影响不显著。

（3）土壤中石油浓度不超过 10 000 mg/kg 的污染对碱蓬和翅碱蓬的光合作用影响较小，将叶绿素荧光参数作为中低浓度石油污染胁迫影响指标不可行。每盆 24 株（419 株 /m²）的种植密度栽培碱蓬，其叶绿素荧光参数 F_o 和 F_m 显著提高。

基于研究结果，黄河三角洲滨海滩涂碱蓬和翅碱蓬能够适应 10 000 mg/kg 石油污染环境，是黄河三角洲滨海滩涂石油污染生物修复的潜在生物资源。

第 10 章　黄河三角洲滨海滩涂湿地污染生态风险分析

　　黄河三角洲滨海滩涂潮沟水比表层沉积物污染更为严重，沉积物以 PAHs 和重金属 Cd 污染为主，其中 PAHs 属于轻度污染，且相较于 2008 年沉积物中高环 PAHs 含量比例增加，污染源从以往原油污染向原油污染与石化工业、交通排放等复合污染源转变；潮沟水中以 PAHs、重金属 Cu 和 Pb、无机氮污染为主，潮沟水中 PAHs 属于中度污染，水体中重金属最终在沉积物中蓄积（Melegy et al.，2019），由此推断黄河三角洲滨海滩涂湿地沉积物受到重金属 Cu 和 Pb 污染压力增加。因此，多环芳烃和重金属污染的生态风险值得关注。

　　生态风险评价是研究一种或多种压力形成或可能形成的不利生态效应的可能性过程，分析人类活动带来的各种灾害对生态系统及其组成的可能影响。针对黄河三角洲滨海滩涂湿地的主要污染物分析其生态风险，利于推进黄河三角洲滨海滩涂生态环境保护及污染防控工作。

10.1　PAHs 生态风险分析

10.1.1　PAHs 生态风险分析方法

　　（1）毒性当量因子评价法

　　毒性当量因子评价法（TEQ）常用于评价沉积物中多种 PAHs 的综合生态风险，计算公式如下：

$$TEQ_A = \Sigma TEF_A \times C_A \tag{1}$$

式中，C_A 为沉积物样品中化合物 A 的浓度；化合物 A 的毒性当量因子以苯并［a］芘（Bap）的毒性当量定为 1，其他 PAHs 的毒性当量因子（TEF）以此为基础（表 10-1）（Toan et al.，2020；Yu et al.，2019）。毒性当量因子越大，对应的 PAHs 单体的毒性越大（Nisbet，1992）。

表 10-1　多环芳烃的毒性当量因子和效应区间中　　　　　单位：ng/g dw

多环芳烃	毒性当量因子（TEF）	效应区间中值（ERM）	多环芳烃	毒性当量因子（TEF）	效应区间中值（ERM）
BaP	1	1 600	Chr	0.01	2 800
DahA	1	260	Ace	0.001	500
BaA	0.1	1 600	Acpy	0.001	640
BbF	0.1	1 880	Fla	0.001	5 100
BkF	0.1	1 620	Flu	0.001	540
InP	0.1	—	Nap	0.001	2 100
Ant	0.01	1 100	Phe	0.001	1 500
BghiP	0.01	1 600	Pyr	0.001	2 600

（2）平均效应区间中值商法

平均效应区间中值商法（m-ERM-Q）是一种用于定量预测河口、海洋沉积物中复杂污染物联合毒性的方法，通过计算单组污染物的效应区间中值求出多组分的平均效应区间中值，可以定量预测多种污染物的综合生态毒性，计算公式如下：

$$m\text{-}ERM\text{-}Q = \sum_{i=1}^{n} \frac{C_i}{ERM_i} / n \qquad (2)$$

式中，C_i 为沉积物中多环芳烃 i 的实测浓度；ERM_i 为多环芳烃的效应区间中值（ERM）（表 10-1）；n 为元素的种类数（Long et al.，1995；Gdara et al.，2017；Cai et al.，2019）。

（3）风险熵值法

风险熵值法（risk quotient，RQ）常被应用于水生生物的化学潜在生态风险评价（Kalf et al.，1997；Nisbet et al.，1992），PAH 单体的风险水平计算公式如下：

$$RQ_{NCs} = C_{PAH} / C_{QV(NCs)} \qquad (3)$$

$$RQ_{MPCs} = C_{PAH} / C_{QV(MPCs)} \qquad (4)$$

式中，C_{PAH} 为单体 PAH 的暴露浓度，ng/L；$C_{QV(NCs)}$ 为最低风险标准值，ng/L；$C_{QV(MPCs)}$ 为最高风险标准值，ng/L；RQ_{NCs} 为最低风险熵值；RQ_{MPCs} 为最高风险熵值。各单体 PAHs 最低风险和最高风险标准值见表 10-2，单体 PAHs 和 ΣPAH_{16} 的生态风险等级划分见表 10-3（Yan et al.，2016）。

表 10-2　单体 PAHs 的最低风险和最高风险标准值　　　　　单位：ng/L

PAHs	$C_{QV(NCs)}$	$C_{QV(MPCs)}$	PAH	$C_{QV(NCs)}$	$C_{QV(MPCs)}$
Nap	12.0	1 200	Chr	3.4	340
Ace	0.7	70	BaA	0.1	10
Flu	0.7	70	BbF	0.1	10
Acpy	0.7	70	BkF	0.4	40
Phe	3.0	300	BaP	0.5	50
Ant	0.7	70	DahA	0.5	50
Fla	3.0	300	BghiP	0.3	30
Pyr	0.7	70	IcdP	0.4	40

表 10-3　单体 PAHs 和 ΣPAH_{16} 的生态风险等级

单体 PAH			ΣPAH_{16}		
风险等级	$RQ_{(NCs)}$	$RQ_{(MPCs)}$	风险等级	$RQ_{(NCs)}$	$RQ_{(MPCs)}$
无风险	<1		无风险	=0	
			低风险	≥1；<800	=0
中度风险	≥1	<1	中度风险 1	≥800	=0
			中度风险 2	<800	≥1
高风险		≥1	高风险	≥800	≥1

（4）物种敏感度分布法

物种敏感度分布法（SSD）被广泛应用于水体生态风险评价中，SSD 使用物种的急、慢性数据并通过数学模型如 Logistic 模型等拟合 SSD 曲线，以升序排列的毒性数据浓度的对数值作为横坐标，累积概率作为纵坐标作图，最终获得保护 95% 及以上物种不受影响时所允许的最大环境有害浓度（HC_5）（Kooijman，1987；Liu et al.，2014）。根据欧洲技术导则文件提供的评估因子（AF）方法，预测无效应浓度（predicted no-effect concentration，PNEC）为 HC_5 与 AF 的商（AF=5）。风险熵（hazard quotient，HQ）计算公式如下：

$$HQ = C/PNEC \tag{5}$$

式中，C 为多环芳烃的暴露浓度；HQ 生态风险等级标准为当 HQ<1 时表示低风险，HQ>1 为高风险。

根据毒性数据的可获取性，本研究使用的 Nap、Ace、Phe、Ant、Pyr、BaP 共 6 种 PAH 对水生生物的慢性毒性数据（NOECs）来自美国国家环境保护局毒性数据库（http://www.epa.gov/ecotox/）。没有可用的慢性毒性数据，则可通过急慢性转化率（ACR=100）将半数致死浓度（LC_{50}）和半数有效浓度（EC_{50}）转化为慢性毒性数据

（Länge et al.，1998）。筛选原则为对于植物或藻类，选择4~7 d 的毒性数据；对于甲壳类动物、无脊椎动物、鱼类、两栖动物选择24~96 h 的毒性数据。一个物种若有多个毒性数据符合要求，则取其几何平均值作为该物种的毒性数据（Carriger et al.，2006）。6 种 PAH 的毒性数据统计值见表 10-4。

表 10-4　6 种 PAH 的毒性数据统计值　　　　　　　单位：μg/L

PAH	样本数量	最小值	最大值	几何平均值	标准差	分布类型
Nap	12	262.955	4 150	690.456	1 092.636	对数正态
Ace	8	4.6	33.226	12.407	10.948	对数正态
Phe	11	0.735	1 957.003	21.519	662.953	对数正态
Ant	14	0.109	2 000	8.338	528.813	对数正态
Pyr	15	0.745	100	12.099	30.633	对数正态
BaP	13	0.02	29.838	1.132	8.463	对数正态

（5）安全阈值法

安全阈值法（MOS_{10}）可以量化毒性数据与暴露浓度累积概率曲线的重叠程度，计算公式为

$$MOS_{10}=SSD_{10}/ECD_{90} \tag{6}$$

式中，SSD_{10} 为累积概率为 10% 对应的毒性数据；ECD_{90} 为累积概率为 90% 对应的暴露浓度。若 MOS_{10} 小于 1，说明曲线重叠程度较高，PAHs 对水生生物具有潜在风险；MOS_{10} 大于 1，说明曲线重叠程度小或没有重叠，风险较小。

ΣPAH_6 是基于等效浓度的概念，将水相中其他单体 PAHs 的暴露浓度转化为 BaP 的等效浓度，然后通过加和得到 ΣPAH_6 的总浓度，最后和 BaP 的毒性数据一起进行生态风险评价。计算公式为

$$TEF_i=NOEC_{i,geomean}/NOEC_{BaP,geomean} \tag{7}$$

$$C_{equ,i}=C_i \times TEF_i$$

$$C_{equ,t}=\sum_{i=1}^{n} C_{equ,t}$$

式中，$NOEC_{i,geomean}$ 和 $NOEC_{BaP,geomean}$ 分别为单体 PAHs 慢性毒性数据与 BaP 慢性毒性数据的几何均值；C_i 为单体 PAH 的暴露浓度；$C_{equ,i}$ 为单体 PAH 的等效浓度；$C_{equ,t}$ 为 ΣPAH_6 的总等效浓度。

10.1.2　沉积物中 PAHs 的生态风险

黄河三角洲滨海滩涂湿地不同样地表层沉积物中 ΣPAH_{16} 的 TEQ 值排序为样地 4>

样地 1＞样地 6＞样地 3＞样地 7＞样地 2＞样地 5，所有样地沉积物中 ΣPAH_{16} 的 TEQ 值均小于 40 ng/g（图 10-1）。样地 3 和样地 6 的采样点中，均有个别采样点表层沉积物中 ΣPAH_{16} 的 TEQ 值约为 300 ng/g（图 10-1）。毒性当量因子越大则沉积物中 PAHs 的综合生态风险则越大（Toan et al.，2020）。根据加拿大土壤指标标准，PAHs 对环境和人体健康的 TEQ 安全值是低于 600 ng/g（CCME，2010），则黄河三角洲滨海滩涂湿地所有样地不同采样点的表层沉积物中 ΣPAH_{16} 的 TEQ 均属于环境和人体健康的安全值范围内。

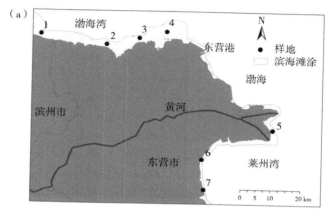

☆ 每个样地表层沉积物中PAHs含量均值的TEQ值
● 每个采样点表层沉积物中PAHs含量的TEQ值

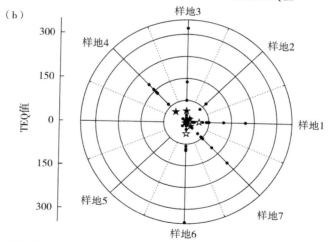

图 10-1　黄河三角洲滨海滩涂样地位置（a）及样地间表层沉积物中 ΣPAH_{16} 的 TEQ 值（b）

平均效应区间中值商法（m-ERM-Q），当 m-ERM-Q＜0.10，生态风险较低，产生毒性概率小于 10%；当 m-ERM-Q 为 0.11～0.50，生态风险提高并产生中低毒性，产生毒性的概率约为 30%；当 m-ERM-Q 为 0.51～1.50，生态风险较高并产生中高毒性，产生毒性概率约为 50%；当 m-ERM-Q＞1.50，生态风险极高并产生高毒性，产生毒性概率约为 75%（Long et al.，1995）。黄河三角洲滨海滩涂湿地不同样地间的沉积物中 15 种 PAHs 的 m-ERM-Q 均低于 0.1，其中黄河口附近样地 5 的 m-ERM-Q 最低（图 10-2），表明该区域沉积物中 PAHs 的毒性风险概率均小于 10%，生态风险较低。综合分析黄河三角洲滨海滩涂湿地表层沉积物中 PAHs 的生态风险较低。

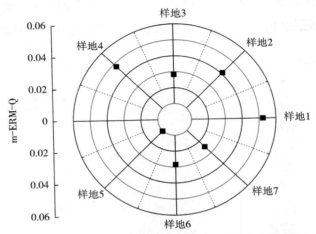

图 10-2　黄河三角洲滨海滩涂不同样地表层沉积物中 15 种 PAHs 的 m-ERM-Q 值

10.1.3　潮沟水体中 PAHs 的生态风险

（1）毒性当量生态风险评价

黄河三角洲滨海滩涂湿地不同样地的潮沟水中的 TEQ 值为 0.008～0.331 µg/L，均值为 0.064 µg/L，各样地间 TEQ 值大小排序依次为样地 5＞样地 6＞样地 7＞样地 3＞样地 4＞样地 1＞样地 2（图 10-3）。

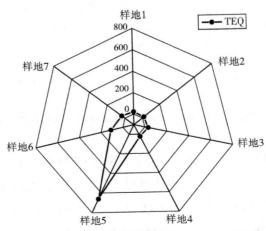

图 10-3　不同样地潮沟水中多环芳烃的 TEQ 值

　　根据 TEQ 风险等级划分（表 10-5）可知，位于黄河口附近滨海滩涂样地 5 及其以南的样地 6 潮沟水中 PAHs 均处于高生态风险，其他样地处于中高风险。其中，样地 5 潮沟水中 PAHs 的生态风险水平明显高于其他样地，对比黄河三角洲滨海滩涂湿地沉积物中多环芳烃的生态风险，样地 5 沉积物中多环芳烃的生态风险最小。样地 5 的潮沟水中 PAHs 处于高生态风险与水中 BaP 的含量有关，所有样地中样地 5 潮沟水中的 BaP 含量最高，其毒性当量因子为 1，是 16 种多环芳烃中的最高值，而样地 1、样地 2 和样地 4 的潮沟水中未检测到 BaP。样地 6 与样地 7 属于工业与城镇用海区，人类活动可能增加了附近滨海滩涂湿地潮沟水中 PAHs 的生态风险。

表 10-5　TEQ 的风险等级划分

风险等级	TEQ
无风险	<0.1
低风险	0.1～1
中低风险	1～10
中高风险	10～100
高风险	≥100

（2）风险熵值法

　　由表 10-6 可知，各样地 ΣPAH_{16} 的 $RQ_{(MPCs)}$ 值均大于 1，按 $RQ_{(NCs)}$ 值大小排序依次为样地 5＞样地 7＞样地 6＞样地 3＞样地 2＞样地 1＞样地 4。根据表 10-3 中 RQ 风险等级划分可知，样地 5 与样地 7 的 $RQ_{(NCs)}$ 值均大于 800，处于高生态风险水平，样地 5 潮沟水中，BaA、BaP 对该样地 ΣPAH_{16} 的 $RQ_{(NCs)}$ 贡献较高，分别占 34.43%、20.3%；样地 7 潮沟水中，BbF、BkF 对该样地 ΣPAH_{16} 的 $RQ_{(NCs)}$ 贡献较高，分别占 58.93%、23.02%。其他样地属于中度 2 生态风险水平。风险熵值法分析黄河三角洲滨海滩涂潮沟水中 ΣPAH_{16} 为中度 2 生态风险水平。

　　各样地单体 PAHs 的生态风险结果表明，除样地 6 外，BkF 的 $RQ_{(MPCs)}$ 值在其他样地均大于 1，样地 5 中的 Ace、Pyr、BaA、BaP、DahA 的 $RQ_{(MPCs)}$ 值大于 1，样地 6 中的 Ant、BaP 和样地 7 中的 BbF、BkF 的 $RQ_{(MPCs)}$ 值也大于 1，表明这些单体 PAHs 对生态系统存在高风险，需重点防控。样地 1 中的 Nap、Ace、Flu、Phe、DahA、BghiP，样地 2 中的 BbF、DahA、BghiP，样地 3 中的 Nap、Ace、Ant、BbF、BaP、DahA、BghiP，样地 4 中的 Nap、DahA、BghiP，样地 5 中的 Nap、Flu、Acpy、Phe、Fla、Chr、BghiP，样地 6 中的 Ace、Flu、Phe、Chr、BghiP、IcdP 和样地 7 中 Nap、Ace、Flu、Chr、BaP、DahA、BghiP 的 $RQ_{(NCs)}$ 值均大于 1，$RQ_{(MPCs)}$ 值均小于 1，表明这些单体 PAHs 呈中度生态风险。其余单体 PAHs 的 $RQ_{(NCs)}$ 值均小于 1，产生的生态风险可忽略不计。

表 10-6　不同采样点单体 PAHs 和 ΣPAH₁₆ 的 RQ（NCS）、RQ（MPCs）值

PAHs	样地 1		样地 2		样地 3		样地 4		样地 5		样地 6		样地 7	
	NCs	MPCs	NCs	MPCs	NCs	MPCs	NCs	MPCs	NCs	MPCs	NCs	MPCs	NCs	MPCs
Nap	8.529	0.085	0.000	0.000	1.632	0.016	4.164	0.042	19.011	0.190	0.000	0.000	48.803	0.488
Ace	1.232	0.012	0.308	0.003	66.887	0.669	0.000	0.000	102.238	1.022	23.786	0.238	15.173	0.152
Flu	7.957	0.080	0.000	0.000	0.000	0.000	0.000	0.000	39.532	0.395	14.019	0.140	15.641	0.156
Acpy	0.000	0.000	0.000	0.000	0.000	0.000	0.000	0.000	10.589	0.106	0.000	0.000	0.000	0.000
Phe	1.976	0.020	0.000	0.000	0.794	0.008	0.000	0.000	98.977	0.990	20.914	0.209	0.934	0.009
Ant	0.000	0.000	0.000	0.000	25.277	0.253	0.000	0.000	0.000	0.000	219.974	2.200	0.000	0.000
Fla	0.000	0.000	0.000	0.000	0.000	0.000	0.000	0.000	3.566	0.036	0.000	0.000	0.000	0.000
Pyr	0.000	0.000	0.000	0.000	0.000	0.000	0.000	0.000	362.204	3.622	9.222	0.092	17.344	0.173
Chr	0.000	0.000	0.000	0.000	0.000	0.000	0.000	0.000	45.242	0.452	0.000	0.000	0.000	0.000
BaA	0.000	0.000	0.000	0.000	0.000	0.000	0.000	0.000	805.890	8.059	0.000	0.000	662.614	6.626
BbF	0.000	0.000	39.427	0.394	48.090	0.481	223.172	2.232	0.000	0.000	0.000	0.000	258.808	2.588
BkF	230.032	2.300	195.188	1.952	199.256	1.993	0.000	0.000	180.032	1.800	103.771	1.038	8.633	0.086
BaP	0.000	0.000	0.000	0.000	2.176	0.022	21.236	0.212	475.168	4.752	0.000	0.000	11.242	0.112
DahA	19.792	0.198	13.494	0.135	25.768	0.258	30.040	0.300	168.244	1.682	30.040	0.300	85.281	0.853
BghiP	41.061	0.411	78.520	0.785	30.040	0.300	30.040	0.300	30.040	0.300	80.526	0.805	0.000	0.000
IcdP	0.000	0.000	0.000	0.000	0.000	0.000	0.000	0.000	0.000	0.000	0.000	0.000	0.000	0.000
ΣPAH₁₆	310.579	3.106	326.938	3.269	399.919	3.999	278.611	2.786	2 340.734	23.407	502.250	5.023	1 124.472	11.245

（3）物种敏感度分布法

依据 Shapiro-Wilk 检验表明，6 种 PAHs（Ace、Phe、Ant、Pyr、BaP、Nap）慢性毒性数据（对数变换）均符合正态分布（$P>0.05$），可用于构建物种敏感度分布曲线。通过 SSD 曲线斜率分析（图 10-4），各水生生物对 6 种 PAHs 的敏感性有所差异，Phe、Ant、BaP 的物种敏感性分布范围较宽，从曲线的整体位置来看，水生生物对 BaP 的敏感性最高［图 10-4（e）］，对 Nap 的敏感性最低［图 10-4（f）］，产生这种差异的主要原因是 PAHs 对不同生物的毒性作用机制不同（蒋闰兰等，2014），水体吸收 PAHs 的速率也不同。

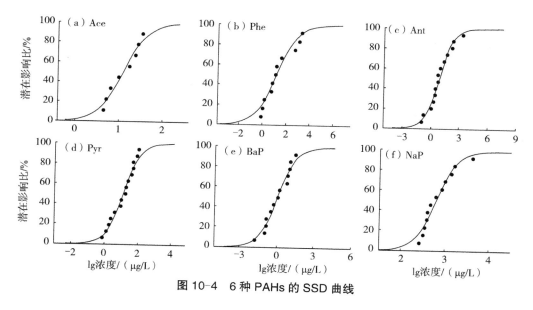

图 10-4 6 种 PAHs 的 SSD 曲线

由表 10-7 可知，黄河三角洲滨海滩涂湿地潮沟水中 6 种 PAHs 的水生态风险阈值为 0.009～122.131 μg/L，其中 BaP 的水生态风险阈值最低，水生生物对其最敏感，若要保护水中 95% 的物种则需要保持水体中 BaP 的浓度低于 0.009 μg/L；Nap 的生态风险阈值最高，主要因为其对水生生物的毒性相对较低。黄河三角洲滨海滩涂湿地潮沟水所有样地 BaP 含量均值为 0.042 μg/L，Phe 含量均值为 0.053 μg/L，均已超过其相对应的水生态风险阈值，存在潜在生态风险。

表 10-7 PAHs 的 HC5、PNEC、HQ 值

PAHs	Ace	Phe	Ant	Pyr	BaP	Nap
HC$_5$	1.816	0.039	0.041	0.473	0.009	122.131
PNEC	0.363	0.008	0.008	0.095	0.002	24.426
HQ	0.058	6.795	3.049	0.381	23.333	0.006

位于黄河口附近样地 5 潮沟水中 BaP 含量为 0.238 µg/L，Phe 含量为 0.297 µg/L，黄河口以南滨海滩涂样地 6 潮沟水中 BaP 含量为 0.052 µg/L，Phe 含量为 0.063 µg/L，Ant 含量为 0.154 µg/L，均超过其相对应的水生态风险阈值（表 10-7），对水生生物存在潜在危害。根据 HQ 生态风险等级标准，潮沟水中 Ant、Phe 和 BaP 的生态风险较高，Ace、Pyr 和 Nap 属于低风险，但由于生物的富集作用，风险可能会被放大。综上所述，针对黄河三角洲滨海滩涂不同区域的潮沟水中 PAHs 的污染防控有所差异，需加强对水体中 BaP、Phe 和 Ant 的排放监管。

（4）安全阈值法

构建毒性数据和 ΣPAH_6 总等效暴露浓度数据的累积分布函数（图 10-5），将其放在同一坐标下，结果表明，累积概率为 90% 对应的 ΣPAH_6 总等效暴露浓度高达 1 006.987 5 µg/L，而累积概率为 10% 对应的毒性数据为 0.029 7 µg/L，MOS_{10} 值为 0.000 03<1，表明该区域影响 10% 水生生物的概率为 1.82%，水体中 PAHs 可能会对水生生物产生不利影响。

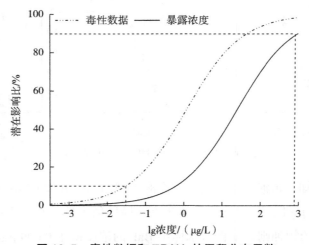

图 10-5　毒性数据和 ΣPAH_6 的累积分布函数

10.2　重金属生态风险分析

10.2.1　重金属生态风险分析方法

（1）潜在生态风险指数评价法

潜在生态风险指数（RI）考虑了重金属的污染程度、生物毒性和综合生态风险，体现了生物有效性和相对贡献比例及地理空间差异等特点（Li et al.，2018；Han et al.，2017），用于定量评价单一重金属风险等级和多个重金属的总体风险等级，计算公式为

$$RI = \sum_{i=1}^{n} E_r^i = \sum_{i=1}^{n} T^i \times C_f^i = \sum_{i=1}^{n} T^i \times \frac{C^i}{C_b^i}$$

式中，RI 为多金属潜在生态风险指数；E_r^i 为金属 i 的潜在生态风险因子；C_f^i 为金属 i 的污染因子；T^i 为金属 i 的毒性响应因子；C_i 为样品实测浓度；C_b^i 为沉积物和土壤背景参考值或水体的所需参比值。

本研究中分析沉积物时依据中国浅海沉积物元素背景值，分析水样时确定 C_b^i 主要依据《海水水质标准》（GB 3097—1997）中重金属含量标准，根据海域的不同使用功能和保护目标，将海水水质分为四类（表 10-8），结合本研究不同样地分布海域选取不同重金属含量标准，样地 3、样地 4 和样地 5 均位于山东黄河三角洲国家级自然保护区内，因此选用一类水质重金属标准，样地 7 邻近广利港选取四类水质重金属标准，其他样地选取三类水质中重金属标准。T^i 反映了金属在水相、固相和生物相之间的响应关系，Hakanson（1980）给出了重金属的毒性响应系数（Cd，30；As，10；Pb、Cu，均为 5）。E_r^i 和 RI 的风险分级标准见表 10-9。

表 10-8　我国海水水质标准（GB 3097—1997）中重（类）金属含量标准

等级	重（类）金属含量 /（mg/L）				pH
	Cd	As	Pb	Cu	
第一类	≤0.001	≤0.020	≤0.001	≤0.005	7.8～8.5
第二类	≤0.005	≤0.030	≤0.005	≤0.010	7.8～8.5
第三类	≤0.010	≤0.050	≤0.010	≤0.050	6.8～8.8
第四类	≤0.010	≤0.050	≤0.050	≤0.050	6.8～8.8

表 10-9　潜在生态风险因子（E_r^i）和生态风险指数（RI）等级划分

单一重金属		多种重金属	
E_r^i	潜在生态风险描述	RI	潜在生态风险描述
$E_r^i \leq 40$	低风险	RI ≤ 150	低风险
$40 < E_r^i \leq 80$	中等风险	$150 < RI \leq 300$	中等风险
$80 < E_r^i \leq 160$	高风险	$300 < RI \leq 600$	高风险
$160 < E_r^i \leq 320$	严重风险	$600 < RI$	严重风险
$320 \leq E_r^i$	极高风险	—	—

（2）风险熵法

采用风险熵法（hazard quotient，HQ）对重金属（铜和铅）进行水生态风险评估，计算公式如下：

$$HQ = C/PNEC$$

式中，C 为重金属的暴露浓度；PNEC（predicted no effect concentration）为预测的无效应浓度。

本研究中，根据欧洲技术指导文件提供的评估因子（AF）方法，PNEC 计算为 HC_5 与 AF（AF=2）的商。评估因子设置为 2 是为了解释缺失种群的不确定性并提供合适的保护范围。HQ 生态风险等级划分见表 10-10（Razak et al.，2021）。

表 10-10　HQ 生态风险等级划分

风险分级	HQ
无风险	<0.01
低风险	0.01～0.1
中等风险	0.1～1
高风险	≥1

本研究中使用的重金属（铜和铅）对水生生物的毒性数据例如半致死浓度（LC_{50}）和半有效浓度（EC_{50}）均来自美国国家环境保护局毒性数据库（http://www.epa.gov/ecotox/）。对于藻类，选择 4～7 d 的毒性数据；对于甲壳类动物、无脊椎动物、鱼类、两栖动物，选择 24～96 h 的毒性数据。一个物种若有多个毒性数据符合要求，取其几何平均值作为该物种的毒性数据。根据以上筛选原则，铜和铅的毒性数据统计值见表 10-11。对选择的毒性数据分别进行 Shapiro-Wilk 检验（$P > 0.05$）和 Kolmogorov-Smirnov 检验（$P > 0.05$）以便构建 SSD 曲线。SSD 曲线以升序排列的毒性数据浓度的对数值为横坐标，累积概率作为纵坐标，并通过 Logistic 模型拟合，最终获得保护 95% 及以上物种不受影响时所允许的最大环境有害浓度（HC_5）。

表 10-11　重金属毒性数据统计值

重金属（类金属）	种群	物种数量	毒性数据含量范围 /（μg/L）	分布类型
Cu	鱼类（69），甲壳类（17），无脊椎动物（8），海藻（4），两栖类（14），蠕虫（10）	122	1.98～258 853	对数正态
Pb	鱼类（16），甲壳类（6），无脊椎动物（6），海藻（1），蠕虫（2）	31	262.58～1 508 009	对数正态

10.2.2　滨海滩涂沉积物中重金属生态风险分析

潜在生态风险评价结果（表 10-12）表明，沉积物中 Cu、Pb、As 的 E_r^i 均低于 40，属于低风险；黄河三角洲北部位于渤海湾的样地 1~4 中 Cd 的 $40 < E_r^i \leqslant 80$，属于中等风险，而黄河口附近样地 5 及其以南位于莱州湾的样地 6 和样地 7 中 Cd 的 $80 < E_r^i \leqslant 160$，属于高风险。各重（类）金属风险顺序从高到低依次为 Cd＞As＞Cu＞Pb，且与渤海沉积物中重（类）金属的 E_r^i（Cd=92.53，As=11.92，Cu=6.66，Pb=6.01）排序结果一致（朱爱美等，2019），与环渤海地区土壤重（类）金属的 E_r^i（Cd=78.53，As=9.51，Pb=6.97，Cu=6.46）排序结果相似（郭媛媛等，2008）。由此分析海陆双重压力可能共同增加了该区域滨海滩涂湿地沉积物 Cu 和 Pb 的潜在生态风险，而由海洋传导其他滨海地区的人类活动压力或许增加了 Cd 和 As 的潜在生态风险。值得关注的是，该区域重金属的潜在生态风险主要是由 Cd 引起，与刘志杰等（2012）研究结果一致。由于渤海沉积物及环渤海土壤中 Cd 的潜在生态风险均较高，因此，黄河三角洲滨海滩涂湿地沉积物中 Cd 的污染防治工作需联合渤海与环渤海区域环境治理共同开展。

黄河三角洲滨海滩涂湿地沉积物中重（类）金属的 RI 平均值为 107.71，属于低风险，各样地中仅样地 7 属于中度风险（表 10-12）。对各样地所有采样点的沉积物中重（类）金属的 RI（图 10-6）分析表明，黄河三角洲北部位于渤海湾的样地 1、样地 3 和样地 4 所有采样点均属于低风险，位于相同地貌单元的样地 2 有 7% 的采样点属于中等风险；黄河口附近样地 5 有 5% 的采样点属于高风险，33% 的采样点属于中等风险；黄河三角洲南部位于莱州湾的样地 6 有 50% 的采样点属于中等风险，样地 7 采样点中有 22% 属于高风险，另有 22% 属于中等风险。与其他样地相比，东营市区及广利港离样地 7 更近，由此分析位于莱州湾的滨海滩涂湿地重金属的生态风险来源以陆源为主，甚至包括黄河传导的陆源风险。因此，需要重点防控位于莱州湾的滨海滩涂湿地沉积物中重金属的潜在生态风险。此外，山东黄河三角洲国家级自然保护区位于黄河口区域的管理站，相较位于黄河三角洲北部的管理站，更应重视沉积物中重金属潜在生态风险防控，以减少重金属污染对生物多样性的威胁。

表 10-12　黄河三角洲滨海滩涂湿地 7 个样地沉积物中各重（类）金属的潜在生态风险
指数 E_r^i 和综合潜在生态风险指数 RI

样地	E_r^i				RI
	Cu	Cd	Pd	As	
样地 1	4.49	49.21	3.71	8.23	65.64
样地 2	5.32	75.57	4.25	12.57	97.71

续表

样地	E_r^i				RI
	Cu	Cd	Pd	As	
样地3	3.77	42.23	3.02	10.19	59.21
样地4	5.02	57.55	4.76	13.84	81.17
样地5	5.58	127.95	3.87	8.26	145.66
样地6	3.83	129.54	4.01	8.55	145.93
样地7	5.08	139.15	4.45	9.95	158.63
平均值	4.73	88.74	4.01	10.23	107.71

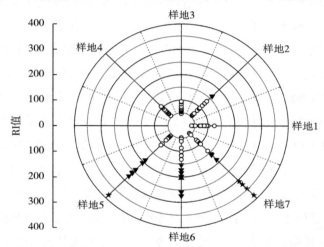

图10-6　黄河三角洲滨海滩涂湿地7个样地所有样点表层沉积物中
各重（类）金属的综合潜在生态风险指数（RI）

10.2.3　滨海滩涂潮沟水中重金属生态风险分析

（1）潜在生态风险指数法分析

根据《海水水质标准》（GB 3097—1997）的规定，海域的不同使用功能和保护目标将我国海水水质分为四类。本研究中，样地3、样地4和样地5均位于山东黄河三角洲国家级自然保护区内，因此一类水质标准被选用在这些样地；样地7邻近广利港选取四类水质中重金属标准，在其他样地均选取三类水质中重金属标准。各重金属的生态风险评价结果表明，黄河三角洲滨海滩涂7个样地潮沟水中Cu（E_r^i=31）和Pb（E_r^i=17）的生态风险指数平均值均属于低风险等级，但是不同样地水中Cu和Pb的生态风险指数（E_r^i）风险等级存在差异，位于保护区范围内的样地3、样地4和样地5的潮沟水中

Cu 的生态风险指数（E_r^i）均为中等风险，而保护区外样地潮沟水中 Cu 的生态风险指数（E_r^i）均为低等风险 [图 10-7（a）]；样地 4 潮沟水中 Pd 的生态风险指数（E_r^i）为中等风险，而保护区外样地潮沟水中 Pd 的生态风险指数（E_r^i）均为低等风险 [图 10-7(b)]。

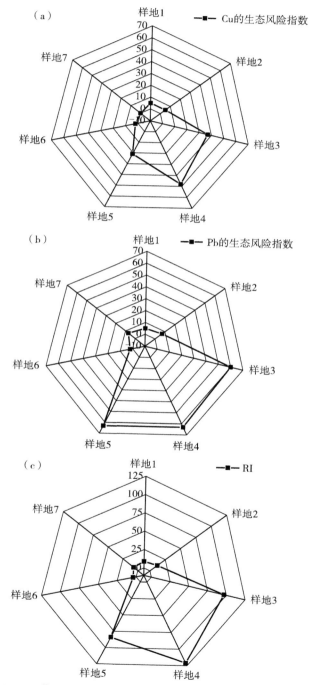

图 10-7　黄河三角洲滨海滩涂潮沟水中重金属的生态风险指数

黄河三角洲滨海滩涂 7 个样地潮沟水中 Cu 和 Pb 的潜在生态风险指数（RI）介于 4～121 之间（均值为 48），均为低风险［图 10-7(c)］。而位于保护区范围内的样地 3、样地 4 和样地 5 的潮沟水中 Cu 和 Pb 的潜在生态风险指数（RI）均高于保护区外其他样地潮沟水中该指数。总之，黄河三角洲滨海滩涂潮沟水中重金属生态风险较低，但是值得关注山东黄河三角洲国家级自然保护区内潮沟水中重金属特别是 Cu 污染。由于水中 Cu、Pb 等重金属会影响鱼类和底栖生物存活（Zhang et al.，2017；景丹丹等，2017），从而间接影响鸟类取食，因此山东黄河三角洲国家级自然保护区需加强防控潮沟水体的重金属污染。

（2）风险熵分析

黄河三角洲滨海滩涂潮沟水中 Cu 和 Pb 的 SSD 曲线如图 10-8 所示。由图 10-8 可知，铜对水生生物的毒性最大，若要保护水中 95% 的物种则需要保持水体中 Cu 的浓度低于 6.83 μg/L（表 10-13），潮沟水中 Cu 平均含量为 57.62 μg/L，已超过该阈值的 8.4 倍，处于高生态风险，极大程度上会对水生生物产生不利影响；水生生物对铅的敏感性较低，保护黄河三角洲滩涂潮沟水生物 Pb 的短期水质标准为 47.88 μg/L（表 10-13），有研究表明，我国淡水 Pb 的短期水质标准为 63.92 μg/L（Wang et al.，2017），本研究中 Pb 的浓度未超过标准，与 Cu 相比，Pb 的生态风险水平较低。因此，针对黄河三角洲滨海滩涂潮沟水中不同种类重金属的污染防控有所差异，需重点防控水中 Cu 污染，加强其监管力度。

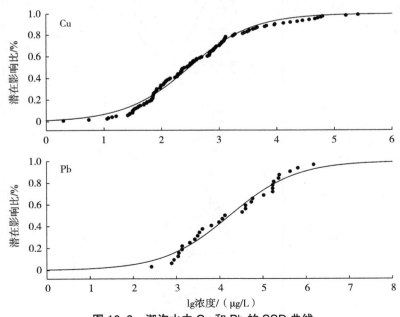

图 10-8　潮沟水中 Cu 和 Pb 的 SSD 曲线

表 10-13　水中 Cu 和 Pb 的 HC_5 和 HQ 值

重金属	Cu	Pb
HC_5	6.83	95.77
PNEC	3.41	47.88
HQ	16.90	0.15

不同样地潮沟水中的 Cu 含量均已超过其水生态风险阈值，由［图 10-9（a）］可知，各样地的 Cu 污染均处于高生态风险水平，对水生生物存在潜在危害。其中，位于黄河口以北的滩涂样地 4 生态风险水平最高，其次为莱州湾附近的样地 7。黄河口及其以南的样地 Pb 污染均处于低生态风险水平，其余样地呈中度生态风险［图 10-9（b）］。高强度的人为活动是黄河三角洲滨海滩涂潮沟水中 Cu 污染生态风险偏高的一个重要因素，虽然相较于 Cu 污染，Pb 的污染状况较轻，但由于生物富集作用，这将放大风险，因此也应该引起重视。

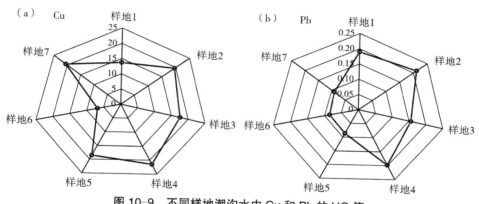

图 10-9　不同样地潮沟水中 Cu 和 Pb 的 HQ 值

不确定性分析贯穿于生态风险评价的全过程。在暴露评估阶段，不确定度主要来自样品采集和分析误差。由于时间和采样条件的限制，本研究仅进行了一次采样活动，因此研究结果只能代表研究时段的风险。为了更全面地了解该区域污染物的生态风险，应分时间段采样，并进行比较。水体风险表征存在不确定性，主要是因为水体风险是由多种因素引起的。

10.3　结　论

分析黄河三角洲滨海滩涂湿地 PAHs 和重金属的生态风险表明，潮沟水中 PAHs

的生态风险要高于沉积物中 PAHs 生态风险，沉积物中重金属的潜在生态风险主要由 Cd 引起，而潮沟水中重点防控 Cu 和 Pb 生态风险：

（1）依据毒性当量法（TEQ）和平均效应区间中值商法（m-ERM-Q）分析沉积物中多环芳烃的风险，沉积物中 ΣPAH_{16} 的 TEQ 值大小排序依次为样地4＞样地1＞样地6＞样地3＞样地7＞样地2＞样地5，且均小于 40 ng/g，均属于环境和人体健康的安全值范围内；不同样地间表层沉积物中 15 种 PAHs 的 m-ERM-Q 均低于 0.1，且黄河口附近样地5的 m-ERM-Q 最低，表明沉积物中 PAHs 的毒性风险概率均小于 10%，生态风险较低。综合分析黄河三角洲滨海滩涂湿地表层沉积物中 PAHs 的整体生态风险较低。

（2）依据毒性当量法（TEQ）、风险熵值法（RQ）、物种敏感度分布法（SSD）和安全阈值法（MOS10）综合分析黄河三角洲滨海滩涂湿地潮沟水中多环芳烃的生态风险。各样地 TEQ 值大小排序依次为样地5＞样地6＞样地7＞样地3＞样地4＞样地1＞样地2，位于黄河口附近滩涂样地5及其以南的样地6潮沟水中 PAHs 均处于高生态风险，其余样地处于中高风险；风险熵值法（RQ）分析，样地5与样地7处于高生态风险水平，其余样地处于中等风险生态水平；各单体 PAH 的生态风险分析结果表明，BkF、Ace、Pyr、BaA、BaP、DahA、Ant、BbF 对生态系统存在高风险，需重点防控；物种敏感度分布法（SSD）分析，水生生物对 BaP 的敏感性最高，对 Nap 的敏感性最低，黄河口附近样地5及其以南样地6中 BaP 浓度均已超过 BaP 的水生态阈值，对水生生物存在潜在危害。安全阈值法（MOS_{10}）分析，MOS_{10} 值为 0.000 03＜1，表明黄河三角洲滨海滩涂潮沟水有一定的概率发生生态风险，超过影响 10% 水生生物的概率为 1.82%。综合分析黄河三角洲滨海滩涂潮沟水生态风险，黄河口附近样地5及其以南的样地6与样地7潮沟水中 PAHs 均处于高生态风险，其余样地处于中度生态风险，需重点防控水体中 BaP 污染。

（3）依据 E_r^i 分析黄河三角洲滨海滩涂湿地沉积物中各重（类）金属风险顺序从高到低依次为 Cd＞As＞Cu＞Pb，沉积物中重金属的潜在生态风险主要由 Cd 引起。4 种重金属的 RI 介于 59.21～158.63 之间，平均值为 107.71，属于低风险，仅位于莱州湾的样地7为中度生态风险。黄河三角洲位于莱州湾及黄河口附近的滨海滩涂湿地沉积物中重金属的潜在生态风险需要重点防控。

（4）潜在生态风险评价表明黄河三角洲滨海滩涂 7 个样地潮沟水中 Cu 和 Pb 的生态风险指数（E_r^i）平均值和潜在生态风险指数（RI）均为低风险，但是位于自然保护区内的样地3、样地4和样地5的潮沟水中 Cu 的生态风险指数（E_r^i）和样地4潮沟水中 Pb 的生态风险指数（E_r^i）均为中等风险。风险熵分析表明潮沟水中 Cu 平均含量处于高生态风险水平，且位于黄河口以北的滩涂样地 4 生态风险水平最高，其次为莱州湾附近的样地 7；除了黄河口及其以南的样地潮沟水中 Pb 污染处于低生态风险水平外，其余样地潮沟水中 Pb 均呈中度生态风险。依据潜在生态风险指数法和风险熵法综合分析潮沟水中重金属的生态风险，应重点防控潮沟水中 Cu 和 Pb 生态风险，特别是位于山东黄河三角洲国家级自然保护区范围滨海滩涂潮沟水中 Cu 的生态风险，以及位于渤海湾滨海滩涂潮沟水中 Pb 的生态风险。

第 11 章　黄河三角洲滨海滩涂湿地污染生态风险防控管理

近年来，除气候变化、黄河断流、水沙减少等自然因素对黄河三角洲滨海滩涂湿地的影响外，随着黄河三角洲地区石油开发、城市和港口的发展，工农业建设等人类活动造成滨海滩涂湿地面积不断缩减，生物多样性降低，环境质量下降。国家高度重视黄河三角洲生态保护修复工作，2019 年"黄河流域生态保护和高质量发展"成为重大国家战略；2021 年 10 月 8 日，中共中央、国务院印发《黄河流域生态保护和高质量发展规划纲要》，明确指出加大黄河三角洲湿地生态系统保护修复力度，改善入海口生态环境，开展滩区生态环境综合整治。黄河三角洲滨海滩涂湿地在不同区域间生态环境状况存在空间差异。从山东东营港向南至山东黄河三角洲国家级自然保护区边界区域内滨海滩涂湿地损失相对其他区域更为严重，而位于渤海湾、黄河口和莱州湾的滨海滩涂湿地具有不同的生态系统健康状况和污染特征。黄河三角洲位于渤海湾的滨海滩涂生态系统处于一般病态至亚健康状态，以沉积物中 PAHs 污染和潮沟水中 Pb 和 Cu 污染为主；位于莱州湾的滨海滩涂生态系统同样处于一般病态至亚健康状态，其沉积物中以 PAHs 和 Cd 污染为主，潮沟水中以 PAHs 和 Cu 污染为主；黄河口附近滨海滩涂生态系统处于亚健康状态，以沉积物中 Cd 污染和潮沟水中 PAHs 和 Cu 污染为主（安乐生等，2011；齐月等，2020；Zhao et al.，2021；Qi et al.，2022）。整体上黄河三角洲滨海滩涂潮沟水比表层沉积物污染更为严重。因此，应因地制宜地开展黄河三角洲滨海滩涂污染生态风险防控及保护修复工作。

本章系统梳理了黄河三角洲滨海滩涂现行保护修复管理现状，根据现有管理中存在的问题和区域特点，提出了管理对策建议，以期为黄河三角洲滨海滩涂湿地污染生态风险防控及保护修复提供科学支撑。

11.1　保护修复管理现状

11.1.1　法规制度

　　健全完善的法规制度是确保黄河三角洲区域生态环境持续改善的关键举措。我国2001 年颁布的《中华人民共和国海域使用管理法》规定"海域使用必须符合海洋功能区划。国家严格管理填海、围海等改变海域自然属性的用海活动";《中华人民共和国海洋环境保护法》（2017 年修订）规定"海涂的开发利用应当全面规划，加强管理";《中华人民共和国湿地保护法》（2021 年）规定了占补平衡；2022 年 10 月 30 日，第十三届全国人民代表大会常务委员会第三十七次会议通过《中华人民共和国黄河保护法》，为黄河三角洲滨海滩涂湿地保护提供了法律依据。近年来，我国政府还发布《渤海综合治理攻坚战行动计划》（2018 年）、《国务院关于加强滨海湿地保护严格管控围填海的通知》（国发〔2018〕24 号）、《黄河流域生态保护和高质量发展规划纲要》（2021 年）、《国务院办公厅关于加强入河入海排污口监督管理工作的实施意见》（国办函〔2022〕17 号）、《黄河生态保护治理攻坚战行动方案》（环综合〔2022〕51 号）等文件，强有力地支持了黄河三角洲滨海滩涂湿地保护修复管理工作。地方也发布了一系列法规政策（表 11-1），特别是自 2018 年以来法规政策出台较为集中，有力地支撑了黄河三角洲滨海滩涂湿地保护修复工作开展。

表 11-1　地方发布的有关黄河三角洲滨海滩涂湿地的法规政策文件

发布年份	名称	印发机构	相关内容
2003	《山东省海域使用管理条例》	山东人民代表大会常务委员会	规定海域功能区划、使用申请与审批、法律责任等
2004	《山东省海洋环境保护条例》	山东人民代表大会常务委员会	规定建立健全湾长制，分级分区组织、协调、监督海洋空间资源管控、污染综合防治、生态保护修复、环境风险防范等工作，对海洋污染事故或者污染损害海洋环境的违法行为，可以进行联合调查、联合执法
2017	《山东黄河三角洲国家级自然保护区条例》	东营市人民代表大会常务委员会	规定了围垦、填埋、占用湿地、引进外来物种的处罚规定
2018	《东营市湿地保护条例》	东营市人民代表大会常务委员会	明确规定了适用于东营市滨海湿地，设立湿地保护专家委员会，湿地实行名录管理等
2019	《东营市海岸带保护条例》	东营市人民代表大会常务委员会	明确了海岸带范围，规定了围填海工程、水产养殖等违法行为，明确法律责任

续表

发布年份	名称	印发机构	相关内容
2019	《滨州市海岸带生态保护与利用条例》	滨州市人民代表大会常务委员会	规范入海排污口设置，规定禁止破坏自然岸线、沙滩、海岸景观，整治修复受损岸线，不断增加自然岸线长度和保有率，加强岸线资源节约利用，严格控制占用岸线的开发利用活动，防止自然岸线破碎化，任何单位或者个人不得非法圈占滩涂
2020	《滨州市湿地保护管理办法》	滨州市人民政府	规定在入海口等区域规划建设必要人工湿地净化水质，县级以上人民政府应当按照湿地保护规划，对退化和遭破坏湿地进行科学评估并采取措施进行修复，应当建立湿地生态保护补偿制度
2021	《东营市黄河三角洲生态保护与修复条例》	东营市人民代表大会常务委员会	规定市人民政府应当建立黄河三角洲生态保护与修复议事协调机制，加强宣传教育，规定了生态修复制定年度计划、编制方案
2021	《山东省黄河三角洲生态保护条例（草案）》（征求意见稿）	山东人民代表大会常务委员会	加强黄河三角洲生态保护，保障生态安全，规范黄河三角洲范围内从事生态保护与修复以及相关的活动

11.1.2　自然保护地建设

黄河三角洲及近岸海域建有多个不同类型的保护区，包括自然保护区、森林公园、海洋特别保护区、种质资源保护区等，并且正在积极创建黄河口国家公园，对黄河三角洲滨海滩涂湿地保护具有积极作用。山东黄河三角洲国家级自然保护区于 1992 年建立，2013 年被国际湿地保护机构授予"国际重要湿地"，以保护黄河口新生湿地生态系统和珍稀濒危鸟类为主体的湿地类型自然保护区，其中各类湿地面积 11.31 万 hm²，占总面积的 74%。2017 年起，为了更好地保护生态环境，将位于核心区和缓冲区内所有油田生产设施逐步关停退出；截至 2020 年年底，核心区内共关停油井 154 个。黄河口国家森林公园于 1992 年批复建设，规划范围和黄河三角洲国家级自然保护区范围大部分重叠，主要保护生物多样性和森林、湿地生态系统。

黄河三角洲近岸海域建设有多个海洋特别保护区和水产种质资源保护区。2008—2009 年，获批建设有山东东营河口浅海贝类生态国家级海洋特别保护区、山东东营利津底栖鱼类生态国家级海洋特别保护区、山东东营黄河口生态国家级海洋特别保护区、山东东营广饶沙蚕类生态国家级海洋特别保护区、山东东营莱州湾蛏类生态国家级海洋特别保护区，分别保护黄河口文蛤、浅海贝类、半滑舌鳎、双齿围沙蚕等贝类、鱼类、蛏类及其生境；同时还建有黄河口半滑舌鳎国家级水产种质资源保护区、广饶海域竹蛏国家级水产种质资源保护区等（宋爱环等，2015）。

2021 年，山东省推动黄河口国家公园建设，编制《黄河口国家公园总体规划》，规划整合优化山东黄河三角洲国家级自然保护区、山东黄河三角洲国家地质公园、山东黄河口国家森林公园等现有 8 个自然保护地，以及黄河口区域海洋生物的重要产卵场和孵育场等生态价值较高的区域，确保黄河口区域"河—陆—滩—海"生态系统原真性和完整性得到有效保护，积极创建全国第一家陆海统筹型国家公园。

11.1.3　污染监管与修复

2018 年起，东营市和滨州市积极推行湾长制，坚持问题导向，加大陆源污染防治力度，加快渔港环境综合整治，集中整治船舶港口污染，着力改善渤海湾生态环境。东营市印发了《东营市全面实行湾长制工作方案》《2021 年东营市湾长制工作要点》和 2 个海湾东营部分（渤海湾、莱州湾）污染整治实施方案，建立"一湾一策"治理措施，推进"绿色港口"建设，开展渔港环境综合治理，完善 6 处渔港配套环境治理设施，建立完善污染物收集、转运、处置联单制度，实现港内污染物处置闭环管理，船舶污染物接收、转运及处置联单制度，加强船舶非法排放污染物监管，实施受损岸线岸滩治理修复工程，提升海洋生态系统稳定性；滨州市在推进湾长制工作中，积极投入无人机等先进设备监测滨海岸线岸滩垃圾，在沾化一级渔港建设污水收集储存装置、一体化污水处理设备、固体垃圾收集处理设备等，并引进第三方开展渔港垃圾清运处置工作，并积极推动湾长制与河长制办公室建立联合巡查制度、联席会议制度。2019 年，生态环境部启动环渤海入海排污口现场排查工作，滨州市和东营市属于排查对象，两市也积极推动入（河）海排污口自查整治工作，利于黄河三角洲滨海滩涂湿地污染来源的监管与治理。2021 年，山东省下达专项资金支持开展黄河三角洲生态保护修复工程；山东省生态环境厅与中国环境科学研究院联合成立黄河三角洲生态环境定位观测研究站，为黄河三角洲滨海滩涂湿地生态环境监测与管理提供了技术支持。

东营市于 2019 年印发《东营市防治海上溢油事件污染海洋环境应急能力建设规划（2014—2020 年）修编》，提升了海洋污染应急能力建设，同年发布《关于全面建立森林湿地长制的实施意见》，推动全市湿地等生态资源保护发展纳入国民经济和社会发展规划以及国土空间规划，开展湿地等生态保护修复工程。2021 年，东营市获得中央财政海洋生态保护修复项目支持，开展滨海湿地修复、海堤生态化改造等工程。

滨州市印发了《滨州市养殖水域滩涂规划（2018—2030 年）》2019 年，划定了滨州市水域滩涂禁止养殖区、限制养殖区和养殖区，以科学指导滨海滩涂区域保护与养殖产业发展；2020 年，开展滨州市北海经济开发区岸线岸滩整治修复工程，主要措施包括拆除滨海滩涂上养殖池塘，恢复湿地，建设生态护岸，修复海岸岸线，种植碱蓬、柽柳等植被。

11.2　管理存在的问题分析

11.2.1　法规制度体系有待完善，存在区域分割多头管理

黄河三角洲滨海滩涂湿地保护修复管理存在区域分割、多头管理的问题，由于缺乏法规制度体系顶层设计，现有东营市和滨州市地方法规制度存在差异且执行标准各异，不能保证黄河三角洲滨海滩涂湿地保护修复的一致性和稳定性，相关法规制度体系亟待完善。在司法层面上，黄河流域环境污染纠纷的处理、环境司法的专业化推进较为滞后（张君明，2022），特别是关于污染损害鉴定及污染损害赔偿的司法认定等工作亟待加强，增加了黄河三角洲滨海滩涂湿地保护修复管理难度，造成保护修复以政府财政支出为主要资金来源，且涉及财政、环保、国土、渔业等不同管理部门专项资金，难以形成资金合力且多为破坏污染后治理工作，不利于源头管控。

11.2.2　海陆统筹管理机制缺失，缺乏精细化高效性管理

海陆污染双重压力叠加在黄河三角洲海陆过渡带域的滨海滩涂湿地，增加了滨海滩涂湿地保护修复管理难度，海陆统筹管理机制缺失，难以推进精细化管理并形成持久高效性管理成效。东营市和滨州市均积极推进"湾长制"衔接"河长制"，然而并没有结合海湾、河流自然特征及主要问题形成统筹协调管理机制。黄河三角洲有 20 多条河流入海，尽管城镇生活污水、工业企业废水污染治理力度不断增强，陆源污染防治管理仍存在薄弱环节，部分入海河流水质亟待改善，特别是农业面源污染、滩涂采油区污染压力依然存在。同时，对渤海海域污染源（如近岸海域采油平台、海水养殖、船舶航运等）的监管依然亟待加强。此外，各种类型保护地分布于陆地与近岸海域，尽管黄河口国家公园建设正在积极推进，如何真正实现海陆统筹管理以推进黄河三角洲滨海滩涂湿地保护与修复依然是亟待解决的问题。

11.2.3　修复工程缺乏监管评估，不利问题应对成效提升

黄河三角洲滨海滩涂湿地开展的各种生态环境修复工程，在实施过程中缺少第三方监管、修复成效评估和长期跟踪监测，难以实现问题及时应对处理及成果经验推广。

黄河三角洲滨海滩涂湿地已经开展了多种类型保护修复工程，如自然保护区内油井退出修复工程、湿地生态修复工程以及互花米草治理项目，莱州湾滨海滩涂湿地"红海滩"修复工程，渤海湾滨海滩涂湿地养殖池塘还滩修复工程等。其中在山东黄河三角洲国家级自然保护区内滩涂上拆除封闭油井修复工程中存在二次污染情况，然而并没有制定应急处置方案和开展相关治理措施，造成局部滩涂区域污染程度加剧；莱州湾滨海滩涂湿地"红海滩"修复工程中由于种子来源、播种方式等差异造成修复工程效果不同，但是工程期结束并没有开展科学的成效评估和长期跟踪监测，成果经验难以科学推广。尽管该区域推进保护修复工程均具有完善的实施方案，但是滨海滩涂湿地是一个动态、复杂且脆弱的生态系统，具有高度物能交换特征和独特水文特征，处于河口区域更增加了其生态环境复杂性，难以完全借鉴其他湿地保护修复工程过程监管、成效评估等经验，不利于推进修复工程资金效益和生态效益最大化。

11.2.4　缺乏公众参与平台渠道，技术管理创新动力不足

社会公众既享有获取环境资源并享受生态服务功能的权利，也在一定程度上负有保护生态环境、维持生态平衡的法定义务，然而社会公众参与黄河三角洲滨海滩涂湿地保护修复管理途径十分有限。相关科普宣传形式及内容较为单一，科普宣传更多关注黄河三角洲滨海滩涂湿地具有鸟类多样性维持功能，忽视其防潮减灾、固碳、水质净化、科研娱乐等多种服务功能及其受到的威胁，不利于公众全面了解黄河三角洲滨海滩涂湿地自然特征及重要性，难以提升公众参与保护修复管理的积极性及科学性。缺乏公众及智库团队参与平台渠道，社会公益组织建设滞后，滨海滩涂湿地属于过渡地带且生态环境保护管理涉及多学科、多部门的系统工程，亟待社会各界参与提供先进技术、创新管理方法及社会资金等以推动其保护修复工作。

11.3　生态风险防控及保护修复管理建议

11.3.1　因地制宜建立体系完善法规制度

建立体系完善的黄河三角洲滨海滩涂湿地保护修复法规制度，科学界定黄河三角洲滨海滩涂湿地范围，开展法规制度顶层设计，明确保护目标，从生态环境与资源的利用、保护、监测、补偿、修复、追责等方面建立健全其法规制度，结合黄河三角洲滨海滩涂湿地自然特征及历史使用情况，清晰界定产权，编制保护修复名录，将生态环境保护修复工作纳入规范严密的法治化规范化轨道，使保护修复管理工作有法可依，

从源头降低生态风险。东营市与滨州市应联合发布有关黄河三角洲滨海滩涂湿地保护修复法规条例，确保管理制度一致性，利于黄河三角洲滨海滩涂湿地完整性保护和污染治理，以支撑推进行政区域间联动的黄河三角洲滨海滩涂湿地污染生态风险防控及保护修复工作。加强黄河流域污染损害鉴定及污染损害赔偿技术研究，健全污染损害赔偿鉴定评估体系和明确主管机构，以支撑黄河三角洲滨海滩涂湿地保护修复制度有效运行。

11.3.2 区域联动机构联合提升管理效率

黄河三角洲滨海滩涂湿地是一个完整的生态系统，涉及的行政区域间应积极联合推进以生态保护红线、环境质量底线、资源利用上线、生态环境准入清单为核心的"三线一单"生态环境分区管控体系，保障东营市与滨州市行政区域内滨海滩涂湿地管理一致性。建立区域综合协调管理机构，加强黄河三角洲滨海滩涂湿地保护修复管理顶层设计，协调涉及的管理部门和行业等，实现区域协同、部门协调、上下联动机制，加强区域间政策制定、实施、监督、执法等全过程的协调。联合制定黄河三角洲滨海滩涂湿地保护修复管理规范标准，针对区域间差异化生态环境问题建立相同保护修复目标，保证生态风险预警、监测指标、评价方法、考核标准等一致性，针对具体生态环境问题实现差异化管理共同推动保护修复目标的实现。

11.3.3 建立海陆统筹一体化的监管机制

从红线划定、管理制度、产业布局规划、污染源管控、监测体系、国家公园等方面建立海陆统筹协调监管机制。遵循海陆一体原则划定海陆生态保护红线，保护海洋生态与陆地生态的连通，促进海陆过渡区域滨海滩涂湿地保护。基于现有"湾长制""河长制"建立联合管理机制，明确管理边界，协调渤海湾地理单元边界与行政边界间监管机制。加强统筹黄河三角洲地区及其近岸海域整体区域发展规划，科学规划农业、工业、渔业、航运等发展规划布局，测算环境承载力、创新面源污染防控技术、建立面源污染预警机制等，实现源头降低生态风险。针对黄河三角洲滨海滩涂湿地污染源以陆源为主的现状，应进一步规范入海排污口优化设置、备案、监管机制，对黄河三角洲滨海滩涂主要污染物增加区域内入海河流水质监测指标，对河流主要污染物加强滩涂湿地污染动态监测，同时兼顾完善海洋养殖、港口、船舶和海上采油平台的污染物收集与集中处理监管机制并提升技术水平，开展精细化管理，从海陆（潜在）污染源监管推动持久高效保护修复管理成效。建立天、地、海一体化长期环境监管体系。应用遥感技术、无人机、大数据、人工智能等技术对黄河三角洲滨海滩涂湿地主要海陆污染源、分布河口和排污口、保护修复工程等开展事前预警、事中监管，加大科研投入，更加准确地获取黄河三角洲滨海滩涂湿地生态环境动态监测数据，以支撑其保护修复工作。黄河口国家公园建设整合优化规划区域内的海陆各类自然保护地在保护空间上实现海陆统筹外，应加强生态保护修复、资源科学利用方面的海陆统筹管理。

11.3.4　构建生态环境保护修复工程监管体系

构建生态环境保护修复工程监管体系。结合黄河三角洲滨海滩涂生态损害与污染现状，特别对于莱州湾滨海滩涂湿地石油类和重金属类污染物复合污染区域，渤海湾滨海滩涂湿地以石油类污染为主的区域，以及东营港以南至黄河口以北自然保护区边界间滨海滩涂损失区域等，设定差异化修复目标，制订长期的监测、修复、评估计划，坚持污染治理与生态修复相结合原则，推动过程监管，提高水质监管水平，提升滨海滩涂湿地的生态功能，加强修复工程后生态系统结构、功能、经济效益等效果评估，构建黄河三角洲滨海滩涂生态修复成效评估标准体系。构建保护修复工程信息管理系统，实现信息化管理，针对工程方案、工程编制实施信息、过程监管、成效评估、长期监测等信息及时准确地录入系统，利于多部门联动监管黄河三角洲滨海滩涂湿地保护修复工程。建立生态补偿与生态损害赔偿长效保障机制，实现保护修复工程资金投入多元化。

11.3.5　加强科普宣传建立公众参与平台

加强黄河三角洲滨海滩涂湿地保护的科普宣传，畅通信息共享渠道，丰富科普宣传内容，坚持线上、线下相结合，让群众认识并尊重滨海滩涂湿地重要生态、社会价值，增强全社会保护滨海滩涂湿地的自主意识。加强黄河三角洲滨海滩涂湿地保护修复智库建设，从法规制度顶层设计、管理机制体系建设、保护修复工程监管评估到科普宣教等多方面参与，引入先进技术、创新管理方法助力黄河三角洲滨海滩涂湿地保护修复。拓展司法公开的广度，坚持专业审判与公众参与相结合，让广大人民群众积极参与到黄河三角洲环境公益诉讼中，定期公布环境资源典型案件，鼓励公众参与生态保护修复工程监管中，共建多元主体共同参与黄河三角洲滨海滩涂湿地生态风险防控与保护修复管理机制，以多种形式参与黄河三角洲滨海滩涂湿地生态风险防控与污染治理工作。

参 考 文 献

Adhami E, Owliaie H R, Molavi R, et al., 2013. Effects of soil properties on phosphorus fractions in subtropical soils of Iran[J]. Journal of Soil Science and Plant Nutrition, 13: 11-21.

Aline Gonzalez Egresa, Vanessa Hatjeb, Daniele A. Mirandab, et al., 2019. Functional response of tropical estuarine benthic assemblages to perturbation by Polycyclic Aromatic Hydrocarbons[J]. Ecological Indicators, 96: 229-240.

Amellal N, Portal J M, Berthelin J, 2001. Effect of soil structure on the bioavailability of polycyclic aromatic hydrocarbons within aggregates of a contaminated soil[J]. Applied Geochemistry, 16: 1611-1619.

Bai JH, Huang L B, Yan D H, et al., 2011. Contamination characteristics of heavy metals in wetland soils along a tidal ditch of the Yellow River Estuary, China[J]. Stochastic Environmental Research and Risk Assessment, 25: 671-676.

Bemanikharanagh A, Bakhtiari A R, Mohammadi J, et al., 2017. Characterization and ecological risk of polycyclic aromatic hydrocarbons (PAHs) and &ITn& IT-alkanes in sediments of Shadegan international wetland, the Persian Gulf[J]. Marine Pollution Bulletin, 124: 155-170.

Bi X, Luo W, Gao J, et al., 2016. Polycyclic aromatic hydrocarbons in soils from the central-himalaya region: distribution, sources, and risks to humans and wildlife[J]. Science of the Total Environment, 556: 12-22.

Biache C, Mansuy-Huault L, Faure P, 2014. Impact of oxidation and biodegradation on the most commonly used polycyclic aromatic hydrocarbon (PAH) diagnostic ratios: implications for the source identifications[J]. Journal of Hazardous Materials, 267: 31-39.

Bolleter W T, Bushman C J, Tidwell P W, 1961. Spectrophotometric determination of ammonia as indophenol[J]. Analytical Chemistry, 33: 592.

Cristale J, Silva F S, Zocolo G J, et al., 2012. Influence of sugarcane burning on indoor/outdoor PAH air pollution in Brazil[J]. Environmental Pollution, 169: 210-216.

Cai Y M, Wu J D, Zhang Y L, et al., 2019. Polycyclic aromatic hydrocarbons in surface sediments of mangrove wetlands in Shantou, South China[J]. Journal of Geochemical Exploration, 205: 106332.

Cao Q M, Wang H, Qin, J Q, et al., 2015 Partitioning of PAHs in pore water from mangrove wetlands in Shantou, China[J]. Ecotoxicology and Environmental Safety, 111: 42-47.

Cao L, Song J M, Li X G, et al., 2015. Geochemical characteristics of soil C, N, P, and their stoichiometrical significance in the coastal wetlands of Laizhou Bay, Bohai Sea[J]. Clean-Soil Air Water, 43: 260-270.

Caregnato F F, Koller C E, Mac Farlane G R, et al., 2008. The glutathione antioxidant system as a biomarker suite for the assessment of heavy metal exposure and effect in the grey mangrove, Avicennia marina (Forsk.) Vierh[J]. Marine Pollution Bulletin, 56(6): 1119-1127.

Carriger J F, Rand G M, Gardinali P R, et al., 2006. Pesticides of potential ecological concern in sediment from South Florida canals: an ecological risk prioritization for aquatic arthropods[J]. Soil Sediment Contam. 15: 21-45.

CCME (Canadian Council of Ministers of the Environment), 2010. Polycyclic aromatic hydrocarbons. Canadian soil quality guidelines for protection of environmental and human health[Z]. Canadian soil quality guidelines.

Chen R, Chen H, Song L, et al., 2019. Characterization and source apportionment of heavy metals in the sediments of Lake Tai (China) and its surrounding soils[J]. Science of the Total Environment, 694: 1-11.

Chen W F, Shi Y X, Sufeng T, et al., 2008. Study on distribution characteristics of soil nitrogen and phosphorus in New-born wetland of Yellow River Estuary[J]. Journal of Soil and Water Conservation, 22: 69-73.

Chen Y Y, Jia R, Yang, S K, et al., 2015. Distribution and source of polycyclic aromatic hydrocarbons (PAHs) in water dissolved phase, suspended particulate matter and sediment from Weihe River in Northwest China[J]. International Journal of Environmental Research and Public Health, 12(11): 14148-14163.

Chen Z L, Liu P F, Xu S J, et al., 2001. Spatial distribution and accumulation of heavy metals in tidal flat sediments of Shanghai coastal zone[J]. Science in China (Series B), 44(8): 197-208.

Deng H G, Zhang J, Wang D Q, et al., 2010. Heavy metal pollution and assessment of the tidal flat sediments near the coastal sewage outfalls of shanghai, China[J]. Environmental Earth Sciences, 60(1): 57-63.

Doong R, Lin Y T, 2004. Characterization and distribution of polysyslic aromatic hydrocarbon contaminations in surface sediment and water from Gao-ping River, Taiwan[J]. Water

Research, 38: 1733-1744.

Elturk M, Abdullah R, Zakaria RM, et al., 2019. Heavy metal contamination in mangrove sediments in Klang estuary, Malaysia: Implication of risk assessment[J]. Estuarine, Coastal and Shelf Science, 226: 1-7.

Fang X H, Peng B, Wang X, et al., 2019. Distribution, contamination and source identification of heavy metals in bed sediments from the lower reaches of the Xiangjiang River in Hunan Province, China[J]. Science of the Total Environment, 689: 557-570.

Fu G, Q i Y, Li J S, et al., 2021. Spatial distributions of nitrogen and phosphorus in surface sediments in intertidal flats of the Yellow River Delta, China[J]. Water, 13: 2899.

Gao X L, Chentung A C, 2012. Heavy metal pollution status in surface sediments of the coastal Bohai Bay[J].Water Research, 46: 1901-1911.

Gao Z Q, Bai J H, Jia J, et al., 2015. Spatial and temporal changes of phosphorus in coastal wetland soils as affected by a tidal creek in the Yellow River Estuary, China[J]. Physics and Chemistry of the Earth, 89-90, 114-120.

Gao Z Q, Fang H J, Bai J H, et al., 2016. Spatial and seasonal distributions of soil phosphorus in a short-term flooding wetland of the Yellow River Estuary, China[J]. Ecological Informatics, 31: 83-90.

Gdara I, Zrafi I, Balducci C, et al., 2017. Seasonal distribution, source identification, and toxicological risk assessment of polycyclic aromatic hydrocarbons (PAHs) in sediments from Wadi El Bey Watershed in Tunisia[J]. Archives of Environmental Contamination and Toxicology, 73: 488-510.

Gedan K B, Kirwan M L, Wolanski E, et al., 2011. The present and future role of coastal wetland vegetation in protecting shorelines: answering recent challenges to the paradigm[J]. Climatic Change, 106: 7–29.

Gonzalezmendoza D, Moreno A Q, Zapataperez O, 2007. Coordinated responses of phytochelatin synthase and metallothionein genes in black mangrove, avicennia germinans, exposed to cadmium and copper[J]. Aquatic Toxicology, 83(4): 306-314.

Guildford S J, Hecky, R E, 2020. Total nitrogen, total phosphorus, and nutrient limitation in lakes and oceans: Is there a common relationship[J]. Limnology and Oceanography, 45: 1213-1223.

Guo H, Wang Y, Gao W, et al., 2016. Different forms of nitrogen in the typical intertidal zones in China[J]. Marine Environmental Science, 35: 678-684.

Guo P Y, Sun Y S, Su H T, et al., 2018. Spatial and temporal trends in total organic carbon (TOC), black carbon (BC), and toted nitrogen (TN) and their relationships under different planting patterns in a restored coastal mangrove wetland: case study in Fujian,

China[J]. Chemical Speciation and Bioavailability, 30: 47–56.

Hakanson L, 1980. An ecological risk index for aquatic pollution control. A sedimentological approach[J]. Water Research, 14: 975–1001.

Han D M, Cheng J P, Hu X F, et al., 2017. Spatial distribution, risk assessment and source identification of heavy metals in sediments of the Yangtze River Estuary, China[J]. Marine Pollution Bulletin, 115: 141–148.

Hempel M, Botte S E, Negrin V L, et al., 2008. The role of the smooth cordgrass Spartina alterniflora and associated sediments in the heavy metal biogeochemical cycle within Bahia Blanca estuary salt marshes[J]. Journal Soils Sediments, 8(5): 289–297.

Hou L J, Wang R, Yin G Y, et al., 2018. Nitrogen fixation in the intertidal sediments of the Yangtze estuary: occurrence and environmental implications[J]. Journal of Geophysical Research-biogeosciences, 123: 936–944.

Hu N, Shi X, Liu J, et al., 2010. Distribution and origin of PAHs in the surface sediments of the Yellow River Estuary and it's adjacent areas[J]. Bulletin of Mineralogy Petrology and Geochemistry, 29: 157–163.

Hu X F, Du Y, Feng J W, et al., 2013.Spatial and seasonal variations of heavy metals in wetland soils of the tidal flats in the Yangtze Estuary, China: environmental implications[J]. Pedosphere, 23(4): 511–522.

Huang W X, Wang Z Y, Yan W, 2012. Distribution and sources of polycyclic aromatic hydrocarbons (PAHs) in sediments from Zhanjiang Bay and Leizhou Bay, South China[J].Marine Pollution Bulletin. 64(9): 1962–1969.

Jafarabadi A R, Bakhtiari A R, Toosi AS, 2017. Comprehensive and comparative ecotoxicological and human risk assessment of polycyclic aromatic hydrocarbons (PAHs) in reef surface sediments and coastal seawaters of Iranian Coral Islands, Persian Gulf[J]. Ecotoxicology and Environmental Safety, 145: 640–652.

Kalf D F, Crommentuijn T, Plassche EJ, 1997. Environmental quality objectives for 10 polycyclic aromatic hydrocarbons (PAHs)[J]. Ecotoxicology and Environmental Safety, 36: 89–97.

Kanaly R A, Harayama S, 2000. Biodegradation of high-molecular-weight polycyclic aromatic hydrocarbons by bacteria[J]. Journal of Bacteriology, 182(8): 2056–2067.

Kang T, Qiumeli W, Peng LC, et al., 2020. Ecological risk assessment of heavy metals in sediments and water from the coastal areas of the Bohai Sea and the Yellow Sea[J]. Environment International, 136: 105512.

Kangle L, Guangxuan H, Haitao W, 2021. Effects of spartina alterniflora invasion on the benthic invertebrate community in intertidal wetlands[J]. Ecosphere, 13: e3969.

Kennicutt M C, Wade T L, Presley BJ, et al., 1994. Sediment contaminants in Casco Bay, Maine: inventories, sources, and potential for biological impact[J]. Environmental Science & Technology, 28: 1-15.

Keshavarzifard M, Moore F, Keshavarzi B, et al., 2017. Polycyclic aromatic hydrocarbons (PAHs) in sediment and sea urchin (Echinometramathaei) from the intertidal ecosystem of the northern Persian Gulf: distribution, sources, and bioavailability[J]. Marine Pollution Bulletin, 123: 373-380.

Kooijman S, 1987. A safety factor for LC_{50} values allowing for differences in sensitivity among species[J]. Water Research, 21: 269-276.

Länge R, Hutchinson T H, Scholz N, et al., 1998. Analysis of the ECETOC aquatic toxicity (EAT) database Ⅱ—Comparison of acute to chronic ratios for various aquatic organisms and chemical substances[J]. Chemosphere, 36: 115-127.

Lautaro G, Ana L O, Vanesa L N, et al., 2021. Persistent organic pollutants (POPs) in coastal wetlands: A review of their occurrences, toxic effects, and biogeochemical cycling[J]. Marine Pollution Bulletin, 172: 112864.

Law R J, Dawes V J, Woodhead R J, et al., 1997 Polycyclic aromatic hydrocarbons (PAH) in seawater around England and Wales[J]. Marine Pollution Bulletin, 34: 306-322.

Li C, Rong Q Y, Zhu C M, et al., 2019. Distribution, sources, and risk assessment of polycyclic aromatic hydrocarbons in the estuary of Hongze Lake, China[J]. Environments, 6: 12.

Li C M, Wang H C, Liao X L, et al., 2022. Heavy metal pollution in coastal wetlands: A systematic review of studies globally over the past three decades[J]. Journal of Hazardous Materials, 424: 127312.

Li F P, Mao L C, Jia Y B, et al., 2018. Distribution and risk assessment of trace metals in sediments from Yangtze River estuary and Hangzhou Bay, China[J]. Environmental Science and Pollution Research, 25 (1): 855-866.

Li J, Li F, Liu Q, 2017. PAHs behavior in surface water and groundwater of the Yellow River estuary: evidence from isotopes and hydrochemistry[J]. Chemosphere, 178: 143-153.

Li QS, Wu Z F, Chu B, et al., 2007. Heavy metals in coastal wetland sediments of the Pearl River Estuary, China[J]. Environmental Pollution, 149(2): 158-164.

Li X W, Hou X Y, Song Y, et al., 2019. Assessing changes of habitat quality for shorebirds in stopover sites: a case study in Yellow River Delta, China[J]. Wetlands, 39: 67-77.

Liang X X, Junaid M, Wang ZF, et al., 2019. Spatiotemporal distribution, source apportionment and ecological risk assessment of PBDEs and PAHs in the Guanlan River from rapidly urbanizing areas of Shenzhen, China[J]. Environmental Pollution, 250:

695-707.

Lin F X, Han B, Ding Y, et al., 2018. Distribution characteristics, sources, and ecological risk assessment of polycyclic aromatic hydrocarbons in sediments from the Qinhuangdao coastal wetland, China[J]. Marine Pollution Bulletin, 127: 788-793.

Lin H, Li H, Yang X, et al., 2020. Comprehensive Investigation and Assessment of Nutrientand Heavy Metal Contamination in the Surface Water of Coastal Bohai Sea in China[J]. Oceanic and Coastal Sea Research, 19 (4): 843-852.

Liu F, Yang Q, Hu Y, et al., 2014. Distribution and transportation of polycyclic aromatic hydrocarbons (PAHs) at the Humen river mouth in the Pearl River delta and their influencing factors[J]. Marine Pollution Bulletin, 84: 401-410.

Liu S, Yao Q, Liu Y, et al., 2012. Distribution and influence factors of heavy metals in surface sediments of the Yellow River Estuary wetland[J]. China Environmental Science, 32: 1625-1631.

Liu S, Zhang J, Leng Y, et al., 2013. Nutrient distribution characteristics and its annual variations in the vicinity waters of the Yellow River estuary[J]. Marine Science Bulletin, 32: 383-388.

Liu Z J, Li P Y, Zhang X L, et al., 2014. Distribution and source of main contaminants in surface sediments of tidal flats in the Northern Shandong Province.[J] Journal of Ocean University of China, 13(5): 842-850.

Liu Z Y, Pan S M, Sun Z Y, et al., 2015. Heavy metal spatial variability and historical changes in the Yangtze River estuary and North Jiangsu tidal flat[J]. Marine Pollution Bulletin, 98(1-2): 115-129.

Logan D T, 2007. Perspective on ecotoxicology of PAHs to fish perspective on ecotoxicology of PAHs to fish[J]. Human and ecological risk assessment, 13(2): 302-316.

Long E R, Macdonald D D, Smith S L, et al., 1995. Incidence of adverse biological effects within ranges of chemical concentrations in marine and estuarine sediments[J]. Environmental Management, 19(1): 81-97.

Lu D, Zheng B, Fang Y, et al., 2015. Distribution and pollution assessment of trace metals in seawater and sediment in Laizhou Bay[J]. Chinese Journal of Oceanology and Limnology, 33(4): 1053-1061.

Lu X X, Zhang S, Chen C Q, et al., 2012. Concentraion characteristics and ecological risk of persistent organic pollutants in the surface sediments of Tianjin coastal area[J]. Environmental Science, 33(10): 3426-3433.

Maliszewska-Kordybach, B, 1996. Polycyclic aromatic hydrocarbons in agricultural soils in Poland: preliminary proposals for criteria to evaluate the level of soil contamination[J].

Applied Geochemistry, 11(1-2): 121-127.

Melegy A A, Elbady M S, Metwally H I, 2019. Monitoring of the changes in potential environmental risk of some heavy metals in water and sediments of Burullus Lake, Egypt[J]. Bulletin of the National Research Centre, 43(1): 1-13.

Miao X Y, Hao Y P, Zhang F W, et al., 2020. Spatial distribution of heavy metals and their potential sources in the soil of Yellow River Delta: a traditional oil field in China[J]. Environmental Geochemistry and Health, 42(1): 7-26.

Murray N J, Phinn S R, Dewitt M, et al., 2019. The global distribution and trajectory of tidal flats[J]. Nature, 565(7738): 222-225.

Neumann T, Stogbauer A, Walpersdorf E, et al., 2002. Stable isotopes in recent sediments of Lake Arendsee, NE Germany: response to eutrophication and remediation measures[J]. Palaeogeography Palaeoclimatology Palaeoecology, 178: 75-90.

Nisbet ICT, Lagoy P K, 1992. Toxic equivalency factors (TEFs) for polycyclic aromatic hydrocarbons(PAHs) [J]. Regulatory Toxicology and Pharmacology, 16: 290-300.

Ouyang X, Guo F, 2016. Paradigms of mangroves in treatment of anthropogenic waste water pollution[J]. Science of Total Environment, 544, 971-979.

Pan K, Wang W, 2012. Trace metal contamination in estuarine and coastal environments in China[J]. Science of Total Environment, 421-422: 3-16.

Pang H J, Lou Z H, Jin A M, et al., 2015. Contamination, distribution, and sources of heavy metals in the sediments of Andong tidal flat, Hangzhou Bay, China[J]. Continental Shelf Research, 110: 72-84.

Peng J, Chen S, Liu F, et al., 2010. Erosion and siltation processes in the lower Yellow River during different river courses into the sea[J]. Acta Geographica Sinica, 65: 613-622.

Peng S, 2015. The nutrient, total petroleum hydrocarbon and heavy metal contents in the seawater of Bohai Bay, China: Temporal-spatial variations, sources, pollution statuses, and ecological risks[J]. Marine Pollution Bulletin, 95(1): 445-451.

Qi H X, Chen X L Du Y E, et al., 2019. Cancer risk assessment of soils contaminated by polycyclic aromatic hydrocarbons in Shanxi, China[J]. Ecotoxicology and Environmental Safety, 182: 109381.

Qi Y, Zhao Y L, Fu G, et al., 2022. The nutrient and heavy metal contents in water of tidal creek of the Yellow River Delta, China: spatial variations, pollution statuses, and ecological risks[J]. Water, 14(5): 713.

Qiao M, Wang C X, Huang SB, et al., 2006. Composition, sources, and potential toxicological significance of PAHs in the surface sediments of the Meiliang Bay, Taihu Lake, China[J]. Environment International, 32(1): 28-33.

Rahman M A, Ishiga H, 2012. Trace metal concentrations in tidal flat coastal sediments, Yamaguchi Prefecture, southwest Japan[J]. Environmental Monitoring and Assessment, 184 (9): 5755-5771.

Razak M R, Aris A Z, Zakaria NAC, et al., 2021. Accumulation and risk assessment of heavy metals employing species sensitivity distributions in Linggi River, Negeri Sembilan, Malaysia[J]. Ecotoxicology and Environmental Safety, 211: 111905.

Ro H M, Kim P G, Park J S, et al., 2018. Nitrogen removal through N cycling from sediments in a constructed coastal marsh as assessed by N-15-isotope dilution[J]. Marine Pollution Bulletin, 129: 275-283.

Samuel Sojinu O S, Wang J Z, Sonibare O O, et al., 2010. Polycuclic aromatic hydrocarbons in sediments and soils from oil exploration areas of the Niger Delta, Nigeria[J]. Journal of Hazardous Matericals, 174: 641-647.

U.S. EPA. 1993. Provisional Guidance for Quantitative Risk Assessment of Polycyclic Aromatic Hydrocarbons(PAH). U.S. Environmental Protection Agency, Office of Research and Development, Office of Health and Environmental Assessment, Washington, DC, EPA/600/R-93/089(NTISPB94116571).

Shao X X, Liang X Q, Wu M, et al., 2014. Influences of sediment properties and macrophytes on phosphorous speciation in the intertidal marsh[J]. Environmental Science and Polluttion Research, 21: 10432-10441.

Shovi F S, Daniel AS, John F M, 2019. Assessment of enrichment, geo-accumulation and ecological risk of heavy metals in surface sediments of the Msimbazi mangrove ecosystem, coast of Dares Salaam, Tanzania[J]. Chemistry and Ecology, 35(9): 835-845.

Soclo H H, Garrigues P, Ewald M, 2000. Origin of polycyclic aromatic hydrocarbons (PAHs) in coastal marine sediments: case studies in Cotonou (Benin) and Aquitaine (France) areas[J]. Marine Pollution Bulletin, 40(5): 387-396.

Song N, Wang N, Wu N, et al., 2018. Temporal and spatial distribution of harmful algal blooms in the Bohai Sea during 1952—2016 based on GIS[J]. China Environmental Science, 38: 1142-1148.

Steinman A D, Ogdahl M E, Weinert M, et al., 2014. Influence of water-level fluctuation duration and magnitude on sediment-water nutrient exchange in coastal wetlands[J]. Aquatic Ecology, 48: 143-159.

Sun J N, X u G, Shao H B, et al., 2012. Potential retention and release capacity of phosphorus in the newly formed wetland soils from the Yellow River delta, China[J].Clean-Soil Air Water, 40: 1131-1136.

Sun R, Ke C, Gu Y, et al., 2013. Residues and risk assessment of polycyclic aromatic hydrocarbons in the surface sediments and marine organisms from Dapeng Bay, Shenzhen[J]. Environmental Science, 34: 3832-3839.

Sun Z G, Mou X J, Tong C, et al., 2015. Spatial variations and bioaccumulation of heavy metals in intertidal zone of the Yellow River estuary, China[J]. Catena, 126: 43-52.

Tarafdar A, Sinha A, 2019. Health risk assessment and source study of PAHs from roadside soil dust of a heavy mining area in India[J]. Archives of Environmental & Occupational Health, 74: 252-262.

Toan V D, Quynh T X, Huong NTL, 2020. Endocrine disrupting compounds in sediment from Kim Nguu river, Northern area of Vietnam: a comprehensive assessment of seasonal variation, accumulation pattern and ecological risk[J]. Environmental Geochemistry and Health, 42(2): 647-659.

Tong Y, Zhao Y, Zhen G, et al., 2015. Nutrient loads flowing into coastal waters from the main rivers of China (2006-2012)[J]. Scientific Reports, 5: 16678.

Tsapakis M, Apostolaki M, Eisenreich S, 2006. Atmospheric deposition and marine sedimentation fluxes of polycyclic aromatic hydrocarbons in the Eastern Mediterranean Basin[J]. Environmental Science & Technology, 40(16): 4922.

Turner R E, Rabalais N N, Alexander R B, et al., 2007. Characterization of nutrient, organic carbon, and sediment loads and concentrations from the Mississippi River into the Northern gulf of Mexico[J]. Estuaries Coasts, 30: 773-790.

Wang C, Du J, Gao X, et al., 2011. Chemical characterization of naturally weathered oil residues in the sediment from Yellow River Delta, China[J]. Marine Pollution Bulletin, 62: 2469-2475.

Wang D W, Bai J H, Gu C H, et al., 2021. Scale-dependent biogeomorphic feedbacks control the tidal marsh evolution under Spartina alterniflora invasion[J]. Science of the Total Environment, 776: 146495.

Wang J, Zhang W, Guo N, et al., 2016. The key factor of impact on temporal and spatial variation of soil organic matter, TN and TP in coastal salt marsh: tide and vegetation[J]. Scientia Geographica Sinica, 36: 247-255.

Wang L, Yang Z, Niu J, et al., 2009. Characterization, ecological risk assessment and source diagnostics of polycyclic aromatic hydrocarbons in water column of the Yellow River Delta, one of the most plenty biodiversity zones in the world[J]. Journal of Hazardous Materials, 169: 460-465.

Wang M, Wang C, Li Y, 2017. Petroleum hydrocarbons in a water-sediment system from Yellow River estuary and adjacent coastal area, China: distribution pattern, risk assessment and sources[J]. Marine Pollution Bulletin, 122: 139-148.

Wang X X, Xiao X M, Zou Z H, et al., 2020. Tracking annual changes of coastal tidal flats in China during 1986—2016 through analyses of Landsat images with Google Earth Engine[J]. Remote Sensing of Environment, 238: 110987.

Wang F, Liao J, Mao D, et al., 2017. Aquatic Quality Criteria and ecological risk assessment for lead in typical waters of China[J]. Asian Journal of Ecotoxicology, 12(3): 434–445.

Watanabe S, Katayama S, Kodama M, et al., 2009. Small-scale variation in feeding environments for the Manila clam Ruditapes philippinarum in a tidal flat in Tokyo Bay[J]. Fisheries Science, 75: 937–945.

Weissteiner C J, Bouraoui F, Aloe A, 2013. Reduction of nitrogen and phosphorus loads to European rivers by riparian buffer zones[J]. Knowledge and Management of Aquatic Ecosystems, 408: 8.

Wolfgang Wilcke, 2007. Global patterns of polycyclic aromatic hydrocarbons (PAHs) in soil[J]. Geoderma, 141(3): 157–166.

Xie H Y, Huang C, Li J, et al., 2021a. Strong precipitation and human activity spur rapid nitrate deposition in Estuarine Delta: multi-isotope and auxiliary data evidence[J]. International Journal of Environmental Research and Public Health, 18: 6221.

Xie Z L, Sun Z G, Zhang H, et al., 2014. Contamination assessment of arsenic and heavy metals in a typical abandoned estuary wetland-a case study of the Yellow River Delta Natural Reserve[J]. Environmental Monitoring and Assessment, 186(11): 7211–7232.

Xie T, Wang Q, Ning ZH, et al., 2021b. Artificial modification on lateral hydrological connectivity promotes range expansion of invasive Spartina alterniflora in salt marshes of the Yellow River delta, China[J]. Science of the Total Environment, 769: 144476.

Xin L, Yebao W, Robert C, et al., 2019. The value of China's coastal wetlands and seawalls for storm protection[J]. Ecosystem Services, 36: 100905.

Xu W, Chen S, Li P, et al., 2016. Distribution characteristics of sedimentation and suspended load and their indications for erosion-siltation in the littoral of Yellow River Delta[J]. Journal of Sedimentary Research, 3: 24–30.

Xu Y, Pu L J, Liao Q L, et al., 2017. Spatial variation of soil organic carbon and total nitrogen in the coastal area of mid-eastern China[J]. International Journal Environmental Research Public Health, 14: 12.

Yan J X, Liu J L, Shi X, et al., 2016. Polycyclic aromatic hydrocarbons (PAHs) in water from three estuaries of China: Distribution, seasonal variations and ecological risk assessment[J]. Marine Pollution Bulletin, 109(1): 471–479.

Yang Y Y, Woodward L A, Li Q X, 2014. Concentrations, source and risk assessment of polycyclic aromatic hydrocarbons in soils from midway Atoll, North Pacific Ocean[J].

PloS One, 9: e86441.

Yang Z F, Wang L L, Niu J F, et al., 2009. Pollution assessment and source identifications of polycyclic aromatic hydrocarbons in sediments of the Yellow River Delta, a newly born wetland in China[J]. Environmental Monitoring and Assessment, 158: 561−571.

Yao X Y, Xiao R, Ma Z W, et al., 2016. Distribution and contamination assessment of heavy metals in soils from tidal flat, oil exploitation zone and restored wetland in the Yellow River Estuary[J]. Wetlands, 36: 153−165.

Yim J, Kwon B O, Nam J, et al., 2018. Analysis of forty years long changes in coastal land use and land cover of the Yellow Sea: The gains or losses in ecosystem services[J]. Estuarine Coastal and Shelf Science, 241: 74−84.

Yin A J, Gao C, Zhang M.et al., 2017. Rapid changes in phosphorus species in soils developed on reclaimed tidal flat sediments[J]. Geoderma, 307: 46−53.

Yu D X, Han G X, Wang X J, et al., 2021. The impact of runoff flux and reclamation on the spatiotemporal evolution of the Yellow River estuarine wetlands[J]. Ocean and Coastal Management, 212: 105804.

Yu H Y, Li T J, Liu Y, et al., 2019. Spatial distribution of polycyclic aromatic hydrocarbon contamination in urban soil of China[J]. Chemosphere, 230: 498−509.

Yuan H, Li T, Ding X, et al., 2014. Distribution, sources and potential toxicological significance of polycyclic aromatic hydrocarbons (PAHs) in surface soils of the Yellow River Delta, China[J]. Marine Pollution Bulletin, 83: 258−264.

Yunker M B, Macdonald R W, Vingarzan, et al., 2002 PAHs in the Fraser River basin: a criticl appraisal of PAH ratios as indicators of PAH source and composition[J]. Organic Geochemistry, 33: 489−515.

Zhang A, Wang L, Zhao S, et al., 2017. Heavy metals in seawater and sediments from the northern LiaodongBay of China: Levels, distribution and potential risks[J].Regional Studies in Marine Science, 11: 32−42.

Zhang D L, Liu N, Yin P, et al., 2017. Characterization, sources and ecological risk assessment of polycyclic aromatic hydrocarbons in surface sediments from the mangroves of China[J]. Wetlands Ecology and Management, 25: 105−117.

Zhang D S, Pei S S, Duan G F, et al., 2020. The pollution level, spatial and temporal distribution trend and risk assessment of heavy metals in Bohai Sea of China[J]. Journal of Coastal Research, 115: 354−360.

Zhang G, Bai J, Zhao Q, et al., 2016. Heavy metals in wetland soils along a wetland−forming chronosequence in the Yellow River Delta of China: Levels, sources and toxic risks[J]. Ecological Indicators, 69: 331−339.

Zhang J F, Gao X L, 2015. Heavy metals in surface sediments of the intertidal Laizhou Bay, Bohai Sea, China: distributions, sources and contamination assessment[J]. Marine Pollution Bulletin, 98: 320–327.

Zhang S, Liu F, Liu Q, et al., 2015a. Characteristics of N: P stoichiometry and the adaptation strategies for different coastal wetland communities in the Yellow River Delta[J]. Chinese Journal of Ecology, 34: 2983–2989.

Zhang W G, Feng H, Chang J N, et al., 2009. Heavy metal contamination in surface sediments of Yangtze River intertidal zone: An assessment from different indexes[J]. Environmental Pollution, 157: 1533–1543.

Zhang W L, Zeng C S, Tong C, et al., 2015b. Spatial distribution of phosphorus speciation in marsh sediments along a hydrologic gradient in a subtropical estuarine wetland, China[J]. Estuarine Coastal and Shelf Science, 154: 30–38.

Zhao G M, Ye S Y, Yuan H M, et al., 2018. Surface sediment properties and heavy metal contamination assessment in river sediments of the Pearl River Delta, China[J]. Marine Pollution Bulletin, 136: 300–308.

Zhao Y L, Li J S, Qi Y, et al., 2021. Distribution, sources, and ecological risk assessment of polycyclic aromatic hydrocarbons (PAHs) in the tidal creek water of coastal tidal flats in the Yellow River Delta, China[J]. Marine Pollution Bulletin, 173: 113110.

Zhao Y Y, Yan M C, 1993. Abundance of chemical elements in China's shallow sea sediments. Scientia Sinica (Chimica B), 23: 1084.

Zheng B H, Wang L P, Lei K, et al., 2016. Distribution and ecological risk assessment of polycyclic aromatic hydrocarbons in water, suspended particulate matter and sediment from Daliao River estuary and the adjacent area, China[J]. Chemosphere , 149: 91–100.

Zhou J L, Wu Y, Kang Q S, et al., 2007. Spatial variations of carbon, nitrogen, phosphorous and sulfur in the salt marsh sediments of the Yangtze Estuary in China[J]. Estuarine Coastal and Shelf Science, 71: 47–59.

Zhu G R, Xie Z L, Li T Y, et al., 2017. Assessment ecological risk of heavy metal caused by high-intensity land reclamation in Bohai Bay, China[J]. PloS One, 12 (4): 19.

安乐生, 刘贯群, 叶思源, 等, 2011. 黄河三角洲滨海湿地健康条件评价 [J]. 吉林大学学报（地球科学版）, 41(4): 1157–1165.

车丽娜, 刘硕, 于益, 等, 2019. 哈尔滨市融雪径流中多环芳烃污染生态风险评价 [J]. 环境科学学报, 39(10): 3508–3515.

陈锋, 孟凡生, 王业耀, 等, 2016. 基于主成分分析 - 多元线性回归的松花江水体中多环芳烃源解析 [J]. 中国环境监测, 32(4): 49–53.

陈明, 胡兰文, 陶美霞, 等, 2019. 桃江河沉积物中重金属污染特征及风险评价 [J]. 环境科学学报，39(5): 1599-1606.

陈宇云，2008. 钱塘江水体中多环芳烃的时空分布、污染来源及生物有效性 [D]. 杭州：
    浙江大学.

董鸣，崔丽娟，等，2021. 滨海滩涂湿地生态系统生态学研究 [M]. 北京：科学出版社.

高晓奇，王学霞，汪浩，等，2017. 黄河三角洲丰水期上覆水中 PAHs 分布、来源及生
    态风险研究 [J]. 生态环境学报，26(5): 831-836.

葛宝明，鲍毅新，郑祥，2005. 灵昆岛围垦滩涂潮沟大型底栖动物群落生态学研究 [J].
    生态学报，25(3): 446-453.

郭卫东，章小明，杨逸萍，等，1998. 中国近岸海域潜在性富营养化程度的评价 [J]. 台
    湾海峡，(1): 64-70.

郭宇，孙美琪，王富强，等，2018. 水沙对黄河三角洲湿地景观格局演变的影响分析 [J].
    华北水利水电大学学报（自然科学版），39(4): 36-41.

郭媛媛，杜显元，刘亮，等，2008. 溶液 pH 对自然水体中多种固相介质吸附铅、镉、
    铜影响的比较 [J]. 吉林大学学报（地球科学版），38(3): 479-483.

韩广轩，王光美，毕晓丽，等，2018. 黄河三角洲滨海湿地演变机制与生态修复 [M].
    北京：科学出版社.

韩美，孔祥伦，李云龙，等，2021. 黄河三角洲"三生"用地转型的生态环境效应及其
    空间分异机制 [J]. 地理科学，41(6): 1009-1018.

郝兴宇，韩雪，李萍，等，2011. 大气 CO_2 浓度升高对绿豆叶片光合作用及叶绿素荧
    光参数的影响 [J]. 应用生态学报，22(10): 2776-2780.

何洁，贺鑫，高钰婷，等，2011. 石油对翅碱蓬生长及生理特性的影响 [J]. 农业环境科
    学学报，30(4): 650-655.

何培，张明明，李强，等，2018. 我国海洋滩涂主要污染物的研究概况 [J]. 海洋科学，
    42(8): 131-138.

何书金，王仰麟，罗明，等，2017. 中国典型地区沿海贪图资源开发 [M]. 北京：科学
    出版社.

侯森林，余晓韵，鲁长虎，2013. 盐城自然保护区射阳河口滩涂迁徙期鸻鹬类的时空分
    布格局 [J]. 生态学杂志，32(1): 149-155.

胡宁静，刘季花，张辉，等，2015. 黄河口及毗邻海域沉积物铅的来源：铅同位素证据 [J].
    地质学报，89(S1): 139-141.

贾建华，田家怡，2003. 黄河三角洲湿地鸟类名录 [J]. 海洋湖沼通报，(1): 77-81.

蒋闰兰，肖佰财，禹娜，等，2014. 多环芳烃对水生动物毒性效应的研究进展 [J]. 海洋
    渔业，36(4): 372-384.

景丹丹，龚一富，张燕，等，2017. 铅暴露对大弹涂鱼组织形态的影响 [J]. 生物学杂
    志，34(4): 29-32.

冷宇，刘一霆，刘霜，等，2013. 黄河三角洲南部潮间带大型底栖动物群落结构及多样性 [J]. 生态学杂志，32(11): 3054-3062.

李宝泉，姜少玉，吕卷章，等，2020. 黄河三角洲潮间带及近岸浅海大型底栖动物物种组成及长周期变化 [J]. 生物多样性，28(12): 1511-1522.

李富，刘赢男，郭殿凡，等，2019. 哈尔滨松江湿地重金属空间分布及潜在生态风险评价 [J]. 环境科学研究，32(11): 1869-1878.

李晶，雷茵茹，崔丽娟，等，2018. 我国滨海滩涂湿地现状及研究进展 [J]. 林业资源管理，(2): 24-28.

李俊生，肖能文，李兴春，等，2013. 陆地石油开采生态风险评估的技术研究 [M]. 北京：中国环境出版社 .

李荣冠，王建军，林和山，等，2015. 中国典型滨海湿地 [M]. 北京：科学出版社 .

李小利，刘国彬，薛萐，等，2007. 土壤石油污染对植物苗期生长和土壤呼吸的影响 [J]. 水土保持学报，21(3): 95-98.

刘峰，董贯仓，秦玉广，等，2012. 黄河口滨海湿地 4 条入海河流污染物现状调查 [J]. 安徽农业科学，40(1): 441-444.

刘峰，2015. 黄河三角洲湿地水生态系统污染、退化与湿地修复的初步研究 [D]. 中国海洋大学 .

刘桂建，笪春年，柳后起，等，2017. 黄河三角洲区域污染物的环境行为和历史迁移演化规律 [M]. 北京：科学出版社 .

刘继朝，张燕平，邹树增，2009. 土壤石油污染对植物种子萌发和幼苗生长的影响 [J]. 水土保持通报，23(3): 123-126.

刘露雨，屈凡柱，栗云召，等，2020. 黄河三角洲滨海湿地潮沟分布与植被覆盖度的关系 [J]. 生态学杂志，39(6)1830-1837.

刘明，范德江，郑世雯，等，2016. 渤海中部沉积物铅来源的同位素示踪 [J]. 海洋学报，38(2): 36-47.

刘强，高建华，石勇，等，2020. 白凤龙北黄海北部表层沉积物中多环芳烃的分布特征及控制因素分析 [J]. 海洋环境科学，39(1): 53-58.

刘勇，李培英，丰爱平，等，2014. 黄河三角洲地下水动态变化及其与地面沉降的关系 [J]. 地球科学（中国地质大学学报），39(11): 1655-1665.

刘玉斌，2021. 中国海岸带典型生态系统服务价值评估研究 [D]. 北京：中国科学院大学 .

刘月良，朱书玉，单凯，等，2013. 黄河三角洲鸟类 [M]. 北京：中国林业出版社 .

刘志杰，李培英，张晓龙，等，2012. 黄河三角洲滨海湿地表层沉积物重金属区域分布及生态风险评价 [J]. 环境科学，33(4): 1182-1188.

卢晓霞，张姝，陈超琪，等，2012. 天津滨海地区表层沉积物中持久性有机污染物的含

量特征与生态风险 [J]. 环境科学，33(10): 3426-3433.

罗芳，2021. 我国潮间带甲藻孢囊多样性及其影响因素 [D]. 上海：华东师范大学.

罗固源，康康，朱亮，2007. 水体中 TN/TP 与藻类产生周期及产生量的关系 [J]. 重庆大学学报（自然科学版），(1): 142-146.

骆永明，力源，张海波，等，2017. 黄河三角洲土壤及其环境 [M]. 北京：科学出版社.

马田田，梁晨，李晓文，等，2015. 围填海活动对中国滨海湿地影响的定量评估 [J]. 湿地科学，13(6): 653-659.

马旭，王安东，付守强，等，2020. 黄河口互花米草对日本鳗草 *Zostera japonica* 的入侵生态效应 [J]. 环境生态学，2(4): 65-71.

牛明香，王俊，徐宾铎，2017. 基于 PSR 的黄河河口区生态系统健康评价 [J]. 生态学报，37(3): 943-952.

欧阳凯，刘强，张晓飞，等，2018. 盐城滨海湿地表层沉积物重金属分布特征与污染评价 [J]. 湿地科学，16(4): 472-478.

欧阳竹，王竑晟，来剑斌，等，2020. 黄河三角洲农业高质量发展新模式 [J]. 中国科学院院刊，35(2): 145-153.

彭俊，陈沈良，刘锋，等，2010. 不同流路时期黄河下游河道的冲淤变化过程 [J]. 地理学报，65(5): 613-622.

彭昆国，杨丽珍，荣亮，等，2012. 土壤石油污染对植物种子萌发和幼苗生长的响应 [J]. 环境污染与防治，34(7): 19-23.

齐永强，王红旗，2002. 微生物处理土壤石油污染的研究进展 [J]. 上海环境科学，21(3): 177-180，188.

齐月，关潇，贺婧，等，2020. 黄河三角洲滨海滩涂多环芳烃分布及风险评估 [J]. 环境科学与技术，43(1): 229-236.

齐月，李俊生，马艺文，等，2020. 黄河三角洲滨海滩涂湿地沉积物重金属空间分布及生态风险评价 [J]. 环境科学研究，33(6): 1488-1496.

钱春荣，王俊河，冯延江，等，2008. 不同浸种时间对水稻种子发芽势和发芽率的影响 [J]. 中国农学通报，24(9): 183-185.

秦峰梅，2007. 黄花苜蓿种子耐盐性及杂草植物子叶生长与光合作用研究 [D]. 长春：东北师范大学.

曲良，2020. 黄河口附近海域化学需氧量和石油烃分布及其关键控制环境因子分析 [J]. 海洋通报，39(3): 335-341.

饶清华，2020. 互花米草入侵影响下闽江河口湿地重金属生物循环特征及其生态风险 [D]. 福州：福建师范大学.

史会剑，李玄，王海艳，等，2021. 黄河三角洲潮间带大型底栖无脊椎动物群落结构与分布特征 [J]. 海洋科学，45(2): 11-21.

宋爱环，邹琰，郑永允，2015. 黄河三角洲滩涂湿地资源开发与保护 [M]. 青岛：中国海洋大学出版社.

宋红丽，王立志，郁万妮，等，2018. 黄河口滨岸潮滩湿地泥沙沉积及外源镉 Cd 输入对碱蓬物质量分配及抗氧化酶活性的影响 [J]. 环境科学，39(8): 3910-3916.

宋劼，易雨君，周扬，等，2022. 黄河三角洲潮上带和潮间带不同生境微塑料分布规律 [J]. 海洋与湖沼，53(3): 607-615.

宋南奇，王诺，吴暖，等，2018. 基于 GIS 的我国渤海 1952—2016 年赤潮时空分布 [J]. 中国环境科学，38，1142-1148.

宋雨桐，张子璇，牛蓓蓓，等，2021. 2005—2018 年黄河三角洲景观格局脆弱性的时空变化规律 [J]. 水土保持通报，41(3): 258-266.

孙栋，段登选，刘红彩，等，2010. 黄河口水域渔业生态水环境调查与研究 [J]. 海洋科学进展，28(2): 229-236.

孙艳茹，石屹，陈国军，等，2015. PEG 模拟干旱胁迫下 8 种绿肥作物萌发特性与抗旱性评价 [J]. 草业学报，24(3): 89-98.

覃光球，严重玲，2006. 滩涂底栖动物有机污染生态学研究进展 [J]. 生态学报，(3): 914-922.

王传远，杨翠云，孙志高，等，2010. 黄河三角洲生态区土壤石油污染及其与理化性质的关系 [J]. 水土保持学报，24(2): 214-217.

王传远，左进城，苗凤萍，等，2010. 黄河三角洲生态区土壤石油污染及其对碱蓬萌发的生态影响 [J]. 生态环境学报，19(4): 782-785.

王法明，唐剑武，叶思源，等，2021. 中国滨海湿地的蓝色碳汇功能及碳中和对策 [J]. 中国科学院院刊，36(3): 241-251.

王刚，2013. 沿海滩涂的概念界定 [J]. 中国渔业经济，31(1): 99-104.

王璟，王春江，赵冬至，等，2010. 渤海湾和黄河口外表层海水中芳烃的组成、分布及来源 [J]. 海洋环境科学，29(3): 406-410.

王娟，2011. 黄河三角洲地下水化学成分特征及其形成机制研究 [D]. 青岛：中国海洋大学.

王君，2018. 黄河三角洲石油污染盐碱土壤生物修复的理论与实践 [M]. 徐州：中国矿业大学出版社.

吴彬，叶剑平，庄凯融，2017. 沿海滩涂法律属性和管理制度研究综述 [J]. 生态经济，33(7): 202-206.

武亚楠，王宇，张振明，2020. 黄河三角洲潮沟形态特征对湿地植物群落演替的影响 [J]. 生态科学，39(1): 33-41.

肖笃宁，胡远满，李秀珍，等，2001. 环渤海三角洲湿地的景观生态学研究 [M]. 北京：科学出版社.

谢高地，肖玉，鲁春霞，2006. 生态系统服务研究：进展、局限和基本范式 [J]. 植物生态学报，30(2): 191-199.

谢晓天，陈良，陈晓鹏，等，2020. 黄河三角洲农业面源磷污染时空分布研究 [J]. 广东化工，47(6): 153-154.

信志红，王宁，李峰，等，2018. 基于 Landsat 的黄河口地区土地利用类型研究 [J]. 中国农业资源与区划，39(1): 99-105.

胥维坤，陈沈良，李平，等，2016. 黄河三角洲近岸沉积物和悬沙的分布特征及其冲淤指示 [J]. 泥沙研究，(3): 24-30.

徐振田，Ali Shahzad，张莎，等，2020. 基于 Landsat 数据的黄河三角洲湿地提取及近30 年动态研究 [J]. 海洋湖沼通报，(3): 70-79.

许端平，王波，2006. 土壤中石油烃类污染物对高粱玉米生长的影响研究 [J]. 矿业快报，452: 28-30.

杨丽珍，2010. 石油污染土壤的田间作物修复研究 [D]. 南昌：南昌大学.

杨艳艳，2016. 松花江表层沉积物中 PAHs 和 PAEs 的分布特征及生态风险评价 [D]. 兰州：兰州大学.

姚家俊，2018. 人类活动及气候对湿地生态系统的影响 [D]. 北京：华北电力大学.

姚云长，任春颖，王宗明，等，2016. 1985 年和 2010 年中国沿海盐田和养殖池遥感监测 [J]. 湿地科学，14(6): 874-882.

姚志刚，刘俊华，2016. 黄河三角洲地区交通干线两侧土壤铅污染状况调查与分析（英文）[J].Agricultural Science & Technology，17(12): 2722-2725.

由佳，张怀清，陈永富，2017. 黄河三角洲国家级自然保护区湿地资源评估 [J]. 湿地科学与管理，13(1): 9-13.

于君宝，阚兴艳，王雪宏，等，2012. 黄河三角洲石油污染对湿地芦苇和碱蓬幼苗生长影响的模拟研究 [J]. 地理科学，(10): 1254-1261.

袁红明，叶思源，高茂生，等，2011. 黄河三角洲南部湿地表层土壤中多环芳烃的分布特征及生态风险评价 [J]. 海洋地质前沿，27(2): 24-28.

岳冰冰，李鑫，任芳菲，等，2011. 石油污染对紫花苜蓿部分生理指标的影响 [J]. 草业科学，(2): 236-240.

张佰莲，刘群秀，宋国贤，2010. 崇明东滩越冬白头鹤生境适宜性评价 [J]. 东北林业大学学报，38(7): 85-87.

张灿，孟庆辉，初佳兰，等，2021. 我国海水养殖状况及渤海养殖治理成效分析 [J]. 海洋环境科学，40(6): 887-894.

张君明，2022. 黄河流域水生态保护与修复法律机制研究 [J]. 人民论坛·学术前沿，(2): 106-108.

张雷，曹伟，马迎群，等，2016. 大辽河感潮河段及近岸河口氮、磷的分布及潜在性富

营养化 [J]. 环境科学，37(5): 1677-1684.

张丽辉，刘爽，赵骥民，2007. 土壤石油污染对 2 种藜科植物种子发芽率的影响 [J]. 安徽农业科学，35(34): 10995-10996.

张倩，刘湘伟，税勇，等，2021. 黄河上游重金属元素分布特征及生态风险评价 [J]. 北京大学学报 (自然科学版)，57(2): 333-340.

张守仁，1999. 叶绿素荧光动力学参数的意义及讨论 [J]. 植物学报，16(4): 444-448.

张涛，张启鸣，2009. 土壤石油污染对两种藜科植物幼苗生长的影响 [J]. 大连教育学院学报，25(1): 46-49.

张文博，刘宾绪，江涛，等，2022. 环渤海渔港沉积物多环芳烃的污染特征和生态风险评价 [J]. 环境化学，41(2): 1-11.

张晓龙，李培英，刘月良，等，2007. 黄河三角洲湿地研究进展 [J]. 海洋科学，31(7): 81-85.

张绪良，张朝晖，2014. 环渤海三角洲滨海湿地的植被特征及演化 [M]. 北京：科学技术文献出版社 .

张莹，刘元进，张英，等，2012. 莱州湾多毛类底栖动物生态特征及其对环境变化的响应 [J]. 生态学杂志，31(4): 888-895.

赵丽君，张凤杰，曲艳平，等，2017. 石油污染胁迫对苜蓿种子萌发的影响 [J]. 天津农业科学，23(9): 82-85.

周曾，陈雷，林伟波，等，2021. 盐沼潮滩生物动力地貌演变研究进展 [J]. 水科学进展，32(3): 470-484.

朱爱美，张辉，崔菁菁，等，2019. 渤海沉积物重金属环境质量评价及其影响因素 [J]. 海洋学报，41(12): 134-144.

朱明畅，曹铭昌，汪正祥，等，2015. 黄河三角洲自然保护区水禽生境适宜性模糊综合评价 [J]. 华中师范大学学报 (自然科学版)，49(2): 287-294.

朱纹君，韩美，孔祥伦，等，2021. 1990—2018 年黄河三角洲人类活动强度时空格局演变及其驱动因素 [J]. 水土保持研究，28(5): 287-292.